江苏高校优势学科建设工程资助项目（苏政办发〔2014〕37号）

霍英东教育基金会青年教师基金资助项目（141051）

江苏省"333高层次人才培养工程"科研资助项目（BRA2012161）

徐立章，徐立章，男，汉族，江苏宿迁人，工学博士，副研究员，硕士生导师。现为江苏省收获机械产业技术创新战略联盟秘书长、中国农机学会收获加工分会副秘书长、中国农机学会青年工作委员会委员。

主要从事油菜脱出物粘附与摩擦机理、农业物料往复式振动筛分理论、水稻脱粒损伤机理等收获机械基础理论与关键技术的研究。主持完成了国家自然科学基金、国家 863 计划子课题、中国博士后科学基金特别资助项目、江苏省自然科学基金等课题，主要完成部省级鉴定 7 项；目前主持国家自然科学基金、霍英东教育基金会青年教师基金项目、江苏省农业科技支撑计划、江苏省"六大人才"高峰等省部级以上课题 5 项。申请和授权发明专利 16 件、授权实用新型专利 17 件。第一作者发表学术论文 28 篇，SCI/EI 收录 23 篇。获国家技术发明二等奖、中国机械工业科学技术一等奖、教育部科技进步二等奖、江苏省科技进步二等奖、江苏省专利项目金奖和中国专利优秀奖各 1 项；博士论文获全国优秀博士论文提名奖；入选江苏省第四期"333 工程"中青年科学技术带头人培养对象；2014 年获江苏省青年科技奖和中国农业机械学会青年科技奖。

徐立章 著

水稻脱粒分离理论与关键技术研究及其应用

江苏大学出版社

镇江

图书在版编目(CIP)数据

水稻脱粒分离理论与关键技术研究及其应用 / 徐立章著. — 镇江：江苏大学出版社，2014.12
ISBN 978-7-81130-853-2

Ⅰ.①水… Ⅱ.①徐… Ⅲ.①水稻－脱粒机－研究
Ⅳ.①S511②S226.1

中国版本图书馆 CIP 数据核字(2014)第 287125 号

水稻脱粒分离理论与关键技术研究及其应用

SHUIDAO TUOLI FENLI LILUN YU GUANJIAN
JISHU YANJIU JIQI YINGYONG

著　　者/徐立章
责任编辑/徐　婷
出版发行/江苏大学出版社
地　　址/江苏省镇江市梦溪园巷 30 号(邮编：212003)
电　　话/0511-84446464(传真)
网　　址/http://press.ujs.edu.cn
排　　版/镇江新民洲印刷有限公司
印　　刷/句容市排印厂
经　　销/江苏省新华书店
开　　本/718 mm×1 000 mm　1/16
印　　张/11
字　　数/181 千字
版　　次/2014 年 12 月第 1 版　2014 年 12 月第 1 次印刷
书　　号/ISBN 978-7-81130-853-2
定　　价/45.00 元

如有印装质量问题请与本社营销部联系(电话：0511-84440882)

前 言

我国是世界上最大的稻米生产和消费国,但成品大米中碎米率偏高,品质难以达到高等级大米的指标,缺乏国际竞争力。水稻谷粒在挤压、碰撞、冲击等载荷作用下易形成破碎、破壳、应力裂纹等机械损伤。有损伤的稻谷贮藏时易吸湿霉变,产生病虫害;种子发芽率降低;碾米时碎米增多、品质降低。水稻谷粒在脱粒过程中形成的损伤直接影响后续的输送、烘干、储藏和加工等环节,是稻谷机械损伤最主要的源头之一。开展水稻脱粒损伤的研究,分析稻谷机械损伤过程,研试低损伤脱粒装置,不仅能为现有脱粒装置的设计、优化提供依据,还能为寻找新的脱粒方法提供思路,具有重要的现实意义和较高的科学研究价值。本书在这样的背景下,对稻谷力学性能、碰撞损伤理论分析与有限元仿真、损伤量化与检测方法以及低损伤脱粒装置等进行研究。主要工作如下:

(1) 以计算机视觉系统为核心构建稻谷几何形态测量系统,并进行标定,给出面积、形心坐标、稻谷几何尺寸的图像计算方法。将稻米籽粒制成方棒试样,根据单轴压缩试验得到应力 - 应变曲线,求得稻米的弹性模量和抗压强度等力学特性参数。试验表明:糙米弹性模量和抗压强度随含水率的增大而减小。利用稻谷几何形态测量系统测得糙米方棒试件在轴向压缩过程中的纵向、横向变形,可计算出糙米的泊松比。试验表明:泊松比随稻米含水率的增大而增大,但变化较缓慢。

(2) 开展稻谷与脱粒元件碰撞过程的理论分析和有限元模拟研究工作。① 将稻谷看作各向同性的均匀椭球体,建立稻谷与脱粒元件接触模型,得出接触过程中压缩位移量和最大压力分布方程及其与时间的关系曲线。以 Von Mises 准则为临界状态条件,建立稻谷与脱粒元件碰撞损伤的临界速度公式。稻谷与钉齿碰撞损伤的临界速度与稻谷弹性模量和抗压强度关系密切,而短纹杆因切向力作用形成破壳损伤的临界速度还与稻壳的临界拉力和摩擦系数有关。相同条件下,稻谷与短纹杆碰撞损伤的临界速度要大于钉齿碰撞损伤的临界速度,即用于水稻脱粒时短纹杆更不容易造成稻谷的损伤。② 在 HyperMesh 中导入稻谷三层椭球体结构 CAD 模型,进行网格划分,设置单元、材料属性和接触碰撞参数,构建稻谷的有限元模型。③ 稻谷与钉齿碰撞过程的 LS – DYNA 仿真分析表明:钉齿与稻谷接触区域为椭圆,受压应力作用,应力沿四周扩散并逐渐减小,区域中心处应力值最大。籽实皮和胚乳的 Mises 应力随碰撞速度的增大逐步增大。稻谷与钉齿碰撞时,胚乳达到临界 Mises 应力 31.68 MPa 对应的临界速度为 24.2 m/s,而籽实皮碰撞损伤的临界速度要大很多。④ 稻谷与短纹杆碰撞过程的 LS – DYNA 仿真分析表明:稻壳多处位置承受拉应力作用,最大拉应力位于接触区前部,且不断移动,碰撞过程中稻谷整体发生翻转;稻壳 X 方向拉应力较大,Y,Z 方向较小但分布区域较广。稻壳临界拉应力 38.7 MPa 对应的稻谷与短纹杆碰撞损伤临界速度为 29.5 m/s;当稻壳的临界拉应力减小时,在拉应力作用下稻壳有可能断裂,形成破壳损伤。

(3) 对稻谷损伤的量化与检测方法进行深入研究。① 用外部损伤指数 D_{out} 和内部损伤指数 D_{in} 定量描述单粒稻谷不同的损伤形式和程度,用标准损伤指数增量 ΔD_s 定量评价脱粒、输送等装置对稻谷总体造成的损伤。② 构建基于稻谷体式显微图像的损伤检测硬件系统,采用黑色背景和光纤 25° ~ 40°光照方式有助于获得损伤稻谷的清晰图像;开发基于 Matlab 稻谷损伤检测软件,在对损伤稻谷图像背景去除、图像增强、去噪等预处理的基础上,提出基于 B 样条小波变换的多尺度边缘检测算法。与 Sobel,Robert,Laplacian,Canny 等边缘检测算法相比,该算法用于稻谷外部损伤区域边缘及稻谷内部裂纹时能检测出丰富的边缘细节,且对非边缘点的抑制能力较好。

(4) 研制低损伤脱粒装置,开展室内台架和田间试验研究。① 在理论分析和有限元仿真的基础上,设计一种低损伤脱粒装置,脱粒元件采用短纹杆 – 板齿复合结构,兼顾了纹杆搓擦脱粒作用柔和、稻谷不易损伤以及板齿冲击脱粒作用强、脱净率高的优点,螺旋排列的脱粒元件有助于加快作物在脱粒空间中的流动,减少茎秆破碎。② 在自行研制的物料输送 – 脱粒分离试验台上研究脱粒间隙、脱粒线速度、脱粒元件排列和喂入量等单个因素对短纹杆 – 板齿脱粒装置水稻脱粒性能的影响;选取脱粒线速度、脱粒间隙和喂入量为影响因子,进行短纹杆 – 板齿脱粒装置水稻脱粒正交试验研究和方差分析,并与钉齿滚筒式脱粒装置进行对比,建立了短纹杆－板齿脱粒装置3个主要影响因子与标准损伤指数增量、脱出物杂余量、功耗和脱粒损失率的回归模型。利用 Matlab 多目标优化工具箱,以标准损伤指数增量、脱出物杂余量、功耗和脱粒损失率为目标,获得了短纹杆－板齿脱粒装置的脱粒线速度、脱粒间隙和喂入量等参数的优化组合:滚筒脱粒间隙14.2 mm,脱粒线速度21.19 m/s,喂入量2.0 kg/s。③ 将研制的短纹杆－板齿脱粒装置移植到江苏沃得农业机械有限公司生产的4LYB1－2.0型联合收获机整机上,水稻田间试验和性能检测结果为总损失率0.95%、破碎率0.30%、含杂率0.82%,优于联合收获机优等品的标准,表明短纹杆－板齿脱粒装置有利于减少稻谷损伤,减轻水稻茎秆的破碎程度,并能降低清选负荷,提高籽粒清洁度。

(5)分析了典型脱粒分离装置的结构特点,在此基础上,提出了切纵流联合收获机的总体配置方案,总体采用 L 型布局方式,分别进行了切流滚筒、纵轴流滚筒、离心风机、振动筛等装置的详细设计,确定了主要工作部件的具体结构和运动参数。

(6)建立了切纵流双滚筒脱粒装置的功耗模型,包括空转功耗和净脱粒功耗两部分,分析了功耗的影响因素。基于东华5905Wi-Fi 无线通信模块,采用同步测量扭矩和转速的方法,设计了切纵流联合收获田间试验机切流滚筒轴、输送槽输入轴、中间轴和纵轴流滚筒轴的功耗测试系统,进行了传动轴的贴片与标定,并将集成的系统安装到了切纵流联合收获试验机上。

(7)以切流或纵轴流凹板筛内任意一点处相邻任意小区域内,各籽粒被脱粒和分离的概率相等为假设基础,建立了切流初脱分离模型和纵轴流复脱分离模型,获得了切流和纵轴流脱粒分离过程中籽粒累计脱粒量和分离量的分布函数,并进行了仿真分析。通过台架试验分析了切流和纵轴流凹板下方脱出混合物和籽粒的分布规律:切流凹板下方脱出物和籽粒沿着联合收获机横向呈"中间多两边少"形状,沿机器横向分布比纵轴流凹板下方更均匀,籽粒最多的位置为输送槽与切流凹板的衔接处,并将试验结果与理论模型进行了对比,验证了理论模型的正确性。

(8)将切纵流双滚筒脱粒分离装置、单出风口多风道风筛式清选装置以及功耗测试系统等进行系统集成,研制出4LL－2.2Z型切纵流联合收获田间试验机,通过水稻田间试验分析了切流滚筒间隙、纵轴流滚筒间隙、切流滚筒/纵轴流滚筒转速对脱粒性能和功耗的影响,并获得了脱粒分离装置作业参数的优化组合。

书中的研究工作受到了国家自然科学基金、中国博士后科学基金特别资助项目、霍英东教育基金会青年教师基金、江苏省"333 高层次人才培养工程"等多个项目的支持,书稿的完成和出版受到了江苏省高校优势学科、国家自然科学基金和江苏大学现代农业装备与技术教育部重点实验室经费等的资助。本书的撰写也得到了李耀明教授、唐忠助理研究员、马征博士和梁振伟博士的大力帮助和无私奉献,但由于作者水平所限以及时间仓促,一定有不少缺点和错误之处,敬请读者批评指正。

徐立章

2014 年 9 月

江苏·镇江·江苏大学

目　录

第1章 绪 论

1.1 研究的背景与意义

古人曰:"人之情不能无衣食,衣食之道必始于耕织。"可见,农业生产是人类生存之本,衣食之源。我国是世界上最大的稻米生产和消费国,全国约2/3 的人口以稻米为主食,水稻栽培面积约占全国粮食种植总面积的 24%,占世界稻作总面积的 20%;稻谷年产量约为 2.0 亿吨,居世界第一,占全国粮食总产量的 45% 以上,占世界粮食总产量的 36%,水稻在国民经济中的地位举足轻重。

随着人民生活水平的不断提高,人们对稻米品质提出了更高的要求,特别是我国加入 WTO 以后,为了与国际接轨,国家质量监督检验检疫总局批准发布了国家标准《糙米》(GB/T 18810—2002),该标准把以糙米整精米率和出糙率为主的碾米品质同外观品质、蒸煮品质、食味品质及工艺品质等五大项目一起作为确定糙米等级的指标。在国际大米市场上,高等级大米(碎米率低于 10%)与低等级大米(碎米率高于 20%)的差价约为 100美元/吨[1]。我国大米出口量从 2000 年的 295 万吨逐年下滑至 2008 年的94.67 万吨,其主要原因是碎米率偏高,品质难以达到高等级大米指标,缺乏竞争优势,因而很难占领国际市场,特别是欧美国家市场。

稻谷的品种、自然生长条件以及成熟后的收获、装卸、运输、加工和贮藏等都会影响稻米的品质。中后期灌浆不足、籽粒充实度不好、蜡熟期倒伏、水稻青枯及恋青等也会造成稻米品质下降[2]。其中,水稻的机械损伤,即收获、装卸、运输、加工、贮藏过程因载荷作用形成以塑性或脆性破坏形式为主的损伤,是导致稻谷品质降低的主要形式。有损伤的稻谷有很多弊端:

① 稻谷内部的应力裂纹降低了稻米的机械强度,在后续输送、加工过程中易破碎。据统计,出口的稻谷要经过十几次的转运和装卸,其破碎率有时很高。② 有裂纹的稻谷得淀粉率降低。③ 有裂纹的稻米在贮存过程中易吸湿霉变和产生病虫害。④ 由于胚乳组织的破裂,胚芽所能得到的养料也会相应减少,从而使稻米的食味下降、营养成分降低。⑤ 有损伤的稻谷用作种子,会降低种子发芽率。

长期以来,人们把精力集中于水稻干燥(或吸湿)过程中内外水分分布不均等因素造成的谷粒破碎,取得了很多研究成果,而对水稻脱粒过程中形成损伤的研究相对较少。水稻脱粒损伤是指水稻脱粒过程中,稻谷在脱粒元件碰撞、搓擦和挤压等作用下形成以塑性或脆性破坏形式为主的现时损伤。脱粒损伤是机械损伤的一种,包括外部损伤和内部损伤。外部损伤是指稻谷的破碎或破壳,一般用肉眼容易识别;内部损伤主要为稻谷内部的应力裂纹。研究发现,我国全喂入式联合收获机脱粒装置收获难脱或高产水稻时其破碎率一般为3%~5%(国家标准水稻破碎率为<1%),有些脱粒装置破碎率虽满足国家标准,但其收获的稻谷中裂纹籽粒比例很高,这都导致了稻米品质的降低。水稻机械化收获中的脱粒损伤直接影响后续的输送、储藏和加工等环节,是谷物损伤最重要的源头之一。因此,开展水稻脱粒损伤的研究,揭示稻谷损伤原因,研试低损伤脱粒装置,在保证脱粒性能的前提下,最大限度地减少水稻的脱粒损伤,不仅能为现有典型脱粒装置的设计、优化提供依据,还能为寻找新的脱粒方式提供启发。该研究对于提高我国稻米的国际竞争力,增加农民收入,发展现代农业,建设社会主义新农村,构建和谐社会等具有非常重要的现实意义和较高的科学研究价值。

1.2　国内外研究现状

1.2.1　农业生物力学特性研究

农业物料在拉伸、压缩、剪切、弯曲、冲击、碰撞等载荷作用下的静、动载力学性能是其重要的固有特性,与机械损伤密切相关,是进行理论分析和有限元仿真的基础,是探索脱粒损伤机理的关键。

（1）静载力学性能

美国 Mohsenin 教授于 1970 年撰写的著作 *Physical Properties of Plant and Animal material* 对农业物料流变性质、接触应力、机械损伤、食品流变学、农产品质构和摩擦性质等力学性能问题做出了较为全面的总结[3]，是这一领域的重要文献。日本的川村登（1968）、清水浩（1974）、山口信吉（1981）[4-6] 对日本典型稻谷的物理性能（外形尺寸、容重）、力学性能（拉伸、压缩、弯曲）、弹性模量及稻秆的力学性能进行了试验研究，所采用的方法是将稻谷加工成试件，在改装的材料试验机上试验得到日本典型水稻在不同含水率下的拉伸强度为 $100 \sim 250$ Pa，压缩强度为 $600 \sim 1\,500$ Pa，发现了稻谷含水量增大，其拉伸、压缩强度减小的规律。H. Murase 等[7]（1977）用拉伸试验机研究了番茄皮的静载力学性能及番茄皮水分对力学性能的影响，建立了数学模型，为预测番茄机械损伤提供了力学参数。Pictiaw Chen 等[8]（1977）研究了新鲜番茄的力学性能及其与成熟度之间的关系，指出可以用密度鉴定番茄的成熟度，给以后的农业物料力学性能的研究及其应用以很好的启示。L. A. Balastreire 等[9]（1978）试图用断裂力学方法解释玉米粒中的裂纹问题，利用加工宝石的气动锯，从玉米粒中切割出一个小的三点弯曲试样，并在试样正下方加工一个小缺口，试验在环境箱中进行，以保持恒定的温度和含水量。该试验测定了玉米试样的断裂韧度，并分析了温度和含水量对断裂韧度的影响。

R. E. Pitt[10]（1982）研究了马铃薯和苹果的力学性能，认为马铃薯和苹果是由许多内部充满液体的薄壁球体样的组织细胞组成的，马铃薯和苹果的微观损伤是由于细胞壁的破裂和细胞间质的损伤造成的；组织细胞的屈服强度服从威布尔分布，在一定的载荷下，威布尔分布可以很好地预测细胞组织的损伤量。R. E. Pitt 等[11]（1984）在上述假设的基础上，对马铃薯进一步研究认为：细胞壁的增厚增加了马铃薯内部组织的坚硬程度，但细胞组织的强度取决于细胞固有内部压力，细胞固有内部压力的增大使细胞饱满坚硬，但同时也增加了细胞壁破裂的可能性。

M. Cardenas-Weben 等[12]（1991）重点比较了平口机械手和 V – V 口机械手对瓜果的作用力。M. J. O'Dogherty 等[13]（1995）设计了一套试验装置以测量小麦秸秆的力学性质，在秸秆中塞入一根短的铁棒，用橡胶夹具装夹,解决了由于小麦秸秆质地较脆,做拉伸试验受力时很容易从两端装夹处断裂的问题。试验结果表明:随着小麦秸秆横截面积自穗部到根部的逐节增大,其抗拉强度变动范围为 21.2 ~ 31.2 MPa,抗剪强度变动范围为 4.91 ~ 7.26 MPa,弹性模量介于 4.76 ~ 6.58 GPa,刚性模量变动范围为 267 ~ 547 MPa。T. R. Rumsy 等[14](1997)采用有限元技术研究了部分农产品的黏弹性接触应力,并与试验结果进行了比较。

G. F. Kamst 等[15](2002)用测土壤三轴压应力的试验机研究了湿度对稻谷弹性模量的影响,试验样品的湿度通过喷入水蒸气的办法调节。当湿度小于13%时,将样品放在塑料板上,两边用厚度为 1.5 mm 的钢板夹牢,用玻璃砂纸将稻谷高出部分磨去,从而将稻谷制成厚度为 1.5 mm 左右、长度为 3.0 ~ 4.5 mm 的矩形样品;当湿度大于13%时,矩形样品容易断裂,只能将其制成椭圆柱形,通过图像处理的办法确定样品横断面面积。试验结果表明:水稻湿度在 8.87% 以下时,湿度对弹性模量无显著影响;而水稻湿度在 8.87% 以上时,水稻的弹性模量随湿度减小而减小。M. Molenda 等[16](2002)通过自制设备试验测得了玉米、大豆等农业物料散粒状时的压缩特性及弹性模量,方法是将一定量的玉米或大豆放在一容器内,该容器顶盖底座可移动并同时可以测量其位移和受力,从而计算散粒状玉米、大豆等农业物料的弹性模量等力学参数。

在国内,肖林桦[17](1984)采用弹簧秤和谷粒抗拉强度仪对我国籼稻、粳稻、杂交稻和糯稻 4 大类共 10 余个品种谷粒和粒柄间的抗拉强度进行了试验研究,发现籼稻和杂交稻为易落粒品种,其平均抗拉强度为 0.6 ~ 1.0 N,难脱的粳稻和糯稻平均抗拉强度在 2 N 以上。此外,他还研究了抗拉强度的分布、穗分布的特性和规律。马小愚、雷得天[18,19](1988,1999)在自制的一台小型农业物料力学性能测试装置上,对小麦、大豆完整籽粒的力学性质进行了试验研究,发现随含水量的降低,籽粒受挤压时破裂力明显增大,发芽试验表明籽粒局部损伤大大降低了籽粒的发芽势,并影响幼苗生活力。他们[20](1991)使用力传感器、位移传感器和 $X - Y$ 函数记录仪测得了马铃薯组织芯部和表皮的破坏应力分别为 2.0 ~ 2.1 MPa 和 1.7 MPa,破坏应变分别为 0.32% ~ 0.36% 和 0.29% ~ 0.3%,并得到了马铃薯的力 - 形变规律。张洪霞等[21]通过对大米的压缩试验,得出其弹性模量、破坏力、破坏应力和破坏能等常规力学参数,并通过这些参数确定用整粒大米的破坏强度值作为籽粒破坏的评价指标,为建立大米籽粒力学模型、质量评价及机械设计等提供依据。冯能莲等[22](1996)从工程角度研究了苹果静重损伤规律,得到了苹果在静重作用下变形的回归方程。

王剑平、姜瑞涉等[23-26](2002)采用虚拟仪器技术研制了农业物料力学试验系统和碰撞特性测定系统,对桃子、梨的力学特性进行了试验研究,得到了上述水果取样深度、部位、方向及朝向对破坏应力、破坏应变、破坏能和弹性模量的影响规律。台湾大学农机研究所欧阳又新教授[27,28](2002)采用单轴拉伸和三点弯曲的方法研究稻谷谷壳的微力学特性,温度为27 ℃,湿度为15%,速度为1 mm/min时的拉伸试验表明:谷壳很容易破碎,细胞的疏密对谷壳物质破碎特性有一定的影响。谷壳的外形、表面轮廓、硅含量的增加都充分说明了谷壳结构的变化,它们之间最弱的联系是细胞层之间互锁成S形搭接,接点处基于稀有元素分析得出的拉力集合变化范围是5~9 N,而现有记录的结构变化指标估计是5~7。焦群英等[29](2004)在微型电子控制万能试验机上测得葡萄和番茄及其果皮的力-位移曲线,得到了葡萄和番茄的刚度与变形、果皮的弹性模量与应变之间的关系。华南农业大学罗锡文教授等[30](2004)用传感器计算机数据采集系统对南方常见的水稻品种粒穗分离力进行了研究,得到了成熟度是影响粒穗分离力的重要因素的结论。李耀明等[31](2007)在农业物料特性检测装置上利用专用夹具对稻谷穗头谷粒与粒柄、粒柄与枝梗以及枝梗与主茎秆之间不同受力角度下的连接力进行了研究与测定。试验结果表明:稻谷品种、生长部位和受力角度对连接力的大小均有影响,其中受力角度的改变对连接力的影响最显著,沿轴线方向连接力较大,逆轴线方向连接力较小。分析表明,稻谷机械化收获过程中脱粒元件对水稻穗头打击力沿穗轴方向时带柄率较低。

(2)动载力学性能

动载荷下农业物料的力学性能研究起源于对水果振动损伤的研究。据资料记载,20世纪60年代起国外就开始了对水果碰撞及振动损伤的研究,中马丰、中村敏[32](1967)等试验研究了鲜水果运输中的损伤及其在包装箱中的振动情况。Hallerle和Mohsenin(1966),Nelson和Mohsenin(1968),Bitner等(1967)[33]分别用能量平衡原理对水果下落对衬垫的冲击效果进行了试验,他们认为,碰撞若在"最小能量"范围内,水果不会受到损伤,因此可以在厚度、密度及泡沫结构等方面对衬垫进行分类研究。Horsfield 等[12](1972)用 Hertz 理论对水果的接触应力进行了计算,将水果的损伤归因于水果的剪切应力超过了其剪切强度。20 世纪 70 年代中后期 H. J. Cooding[33](1976)、岩元睦夫、河野澄夫、早川昭[34,35](1977,1978)开始应用 Palmgren - Miner 理论对水果运输的振动损伤进行定量研究。N. N. Mohsenin 等[36](1978)通过自制设备测定了下落水果和衬垫的动/静载力学性能。P. K. Chattopadhyay 等[37](1978)沿轴向给糙米加一动态力,使糙米的应力以正弦规律变化,试验研究了其应变的变化规律、应力的变动频率和糙米的湿度对应变变动规律的影响。澳大利亚学者 J. E. Holt 等[38](1981)提出了著名的苹果损伤能量原理,认为无论是在冲击载荷还是在动载荷下,苹果的损伤量决定于其所吸收的能量,定量给出了两种载荷下苹果吸收能量和其损伤体积的关系,给出了一种预测箱中苹果在冲击载荷下的总损伤及损伤分布的方法,并得到了很好的验证。D. Schoorl 等[39](1982)研究了 3 种摆放方式对苹果损伤的影响,结果表明,苹果箱坠落后的总损伤与苹果在箱内的摆放方式无关,整箱苹果总的损伤可以通过单个苹果的抵抗损伤能力和冲击能量与苹果损伤抵抗系数的乘积近似计算。

　　B. R. Tennes 等[40](1990)设计出一个测量苹果冲击参数的仪器,分析了苹果碰撞时加速度的变化情况及其对苹果损伤的影响。S. S. Sober 等[41](1990)试验研究了苹果遭受冲击时加速度的最大值和速度的变化,在苹果受冲击加速度最大值为 $20g \sim 130g$($g = 9.81$ m/s^2),速度为 $0.1 \sim 3.0$ m/s 时,对其所受损伤进行了测量,分析了苹果品种对损伤的影响。X. Zhang 等[42](1991)研究了 3 种桃子所受冲击力的数学模型,讨论了桃子坚实度等参数对数学模型的影响。D. Rosenfild 等[43](1992)建立了水果的弹性和黏弹性数字仿真模型,分析了水果坚实度与其共振频率的关系,提出了一种根据共振频率按坚实度进行水果分类的无损方法。H. Chen 等[44](1993)对苹果和菠萝的动力学特性进行了有限元分析,得到了水果的各种振动模态及其与弹性模量的关系,并分析了水果的几何特性对其动态力学性能的影响。V. A. McGlone 等[45,46](1997)研究了下落高度、水果碰撞时间和坚实度的关系,结果表明,在下落高度为 50 mm 以下时,即使反复跌落,水果也无损伤,从而得到了一种估算水果坚实度的新办法,并进行了回归分析及试验验证。M. Yen 等[47](2003)试验研究了通过摆锤冲击确定水果内部组织的办法。试验中,摆锤冲击水果的同时,冲击力等参数的信号传给电脑,不同品质的水果,其信号的振幅和频谱不同,通过统计分析各信号的冲击参数确定水果的组织,从而确定其成熟度。试验表明,这种办法的精确程度较高。

在国内,单明彻等[48](1988)研究了苹果在冲击载荷作用下的机械损伤,得到了苹果硬度对损伤的影响规律,提出了苹果包装箱系统的简化模型。王俊、王剑平等[49-51](1994,2002,2004)在带有自触发高性能数据传输卡力传感器、加速度传感器的试验装置上,研究了桃子、梨的冲击力学特性,得到了恢复系数、能量吸收率等与其硬度之间关系的数学模型,建立了碰撞损伤的预测模型,发现可以用果实的硬度来预测其坚实度。孙骊等[52](1996)在对苹果储运时的机械损伤规律进行模拟试验研究后,得到了储运过程中苹果机械损伤程度与主要影响因素之间关系的数学模型。李小昱等[53](1996)研究了苹果碰撞中加速度与时间关系的数学模型,分析了不同参数对苹果碰撞特性的影响,指出了缓冲包装材料的重要性。王书茂等[54](1999)提出了利用西瓜的振动频率响应判断西瓜成熟度的无损检测方法,得到了西瓜物理参数(质量、外形尺寸等)、固有频率和含糖量之间的关系,提出了新的西瓜成熟度指标。康维民等[55](2004)在 VTVH-5 振动试验装置上研究了梨在稳定振动条件下的振动损伤,得到了振动 S-N 曲线,分析了振动频率、加速度对梨损伤的影响。

综上所述,随着计算机、传感器等技术的快速发展,农业物料力学性能测试在更精准、更复杂、更接近于实际的方面也取得了长足的进步。此外,固体力学、接触力学、断裂力学、损伤力学等其他学科的许多研究方法和成果越来越多地应用到了农业生物力学特性的研究中。这些研究为水稻谷粒弹性模量、泊松比和抗压强度等生物力学特性参数的获取提供了宝贵的成功经验,具有很高的参考价值,为稻谷碰撞损伤理论分析和有限元仿真奠定了基础。

1.2.2　谷物脱粒损伤试验研究

（1）水稻脱粒损伤试验研究

脱粒时的冲击容易使稻谷破壳产生糙米，造成后续储藏困难。A. D. Sharma 等[56]以脱粒滚筒速度、稻谷含水率和喂入量为参数建立了稻谷冲击损伤的回归模型，对 Lemont 和 Rico 两种水稻的试验研究表明：含水率越高，稻谷破碎越严重，稻谷破壳数量随滚筒速度和喂入量增加而增加；含水率低时，有裂纹的稻谷更容易破碎。

田小海等[57]选用代表型品种（组合）南京16（中稻）、金优207（晚稻籼型）、鄂宜105（晚稻粳型）考察了人工链杆击打、拖拉机带动石磙碾落和联合收获机脱粒等不同脱粒方式和在水泥地上自然晒干、放在竹垫上自然晒干与机械通风等干燥方法对稻米品质的影响。结果表明：不同脱粒方式和干燥方法对整精米率和垩白度影响最大。其中，脱粒方式对稻米整精米率的影响较大，同时对南京16垩白度的影响较大；干燥方式对金优207和鄂宜105垩白度的影响较大。两种处理方式之间互作效应显著，最佳组合处理为联合收获机脱粒加机械通风干燥处理。不同处理方式对中稻品种南京16的影响要大于对鄂宜105和金优207。

在保证水稻脱粒完全的情况下应尽可能减少稻谷与脱粒元件之间的碰撞以及水稻在脱粒装置内的滞留时间，以减少稻谷的损伤，因而水稻的粒穗分离力与脱粒损伤密切相关。Song-Woo Lee 等[58]对稻谷3个方向（沿长轴、垂直于两短轴）上的脱粒力进行了测定。结果表明：稻穗下部谷粒的脱粒力略大于稻穗上部谷粒的脱粒力；不同收获时期各品种水稻的粒穗分离力有明显差异，早稻粒穗分离力比晚稻大，含水率越高，粒穗分离力越小。但有些品种含水率达到一定数值后粒穗分离力会变大；成熟度越高，粒穗分离力越小。对刚性弓齿、杆齿与柔性杆齿的对比试验表明：相对其他脱粒齿而言，柔性杆齿质量轻，种子破碎率显著降低，未脱净损失减少，含杂率降低，发芽率高[59]。

（2）玉米脱粒损伤试验研究

玉米机械化收获时摘穗板的形式、拉茎辊转速、籽粒含水率、机具前进速度对玉米籽粒破碎和损失率的影响的试验研究表明[60]：玉米籽粒破碎率受籽粒含水率的影响最大,受摘穗板形式和拉茎辊转速的影响次之,受前进速度的影响较小。当籽粒的含水率较低(30%左右)、摘穗板的形式为弯板、拉茎辊转速为中速度(600~700 r/min)进行玉米摘穗作业时,综合指标较好。脱粒元件与玉米籽粒之间的碰撞是造成玉米籽粒脱粒损伤的主要因素之一。L. Duane 等[61]利用碰撞试验装置(见图1-1)分析了玉米籽粒碰撞速度、含水率、碰撞表面材料、碰撞角度、籽粒大小与形状对玉米籽粒碰撞损伤率(破碎和裂纹籽粒数占样本总数的百分比)的影响,试验结果表明:损伤程度随籽粒碰撞速度增加而增加,两者相关性最强;玉米籽粒含水率为19.1%~22.2%时,损伤程度变化不大,当含水率低于15.25%时,损伤程度随含水率减小增加很快;碰撞表面为聚氨酯时的玉米籽粒的损伤程度是碰撞表面为钢铁时的1/5,是碰撞表面为混凝土时的1/6;当碰撞角度从90°减小到45°时,对于聚氨酯和钢铁材料,总损伤减少了25%;大部分玉米籽粒均沿纵向开裂,高速、低含水率会导致大量应力裂纹。脱粒方式也会影响玉米籽粒的损伤,A. Dauda 等[62]对3种不同品种的玉米在纯手工脱粒、人工脱粒器、敲打脱粒、碾压脱粒和机器脱粒5种方式下的损伤情况进行了试验研究,结果表明:机器脱粒的效率最高,平均626.67 kg/h;纯手工脱粒籽粒的损伤最低;敲打脱粒籽粒的损伤最高。此外,玉米籽粒的力学性质也是影响籽粒脱粒损伤的重要因素[63-65]。

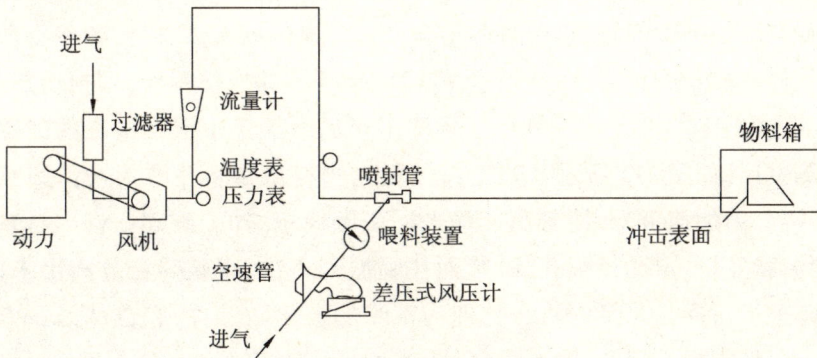

图1-1　碰撞试验装置示意图

(3)小麦脱粒损伤试验研究

种胚和种皮的损伤是影响小麦种子质量的重要因素。联合收获机田间脱粒、割后晒干机械脱粒和割后晒干人工脱粒 3 种方式对小麦的破碎率、发芽势、发芽率、种胚损伤、种皮破裂影响也有明显差异[66]：含水率越高，种胚和种皮的损伤越大，破碎率增加，发芽势、发芽率降低，但含水率为 11% 左右时机械脱粒和人工脱粒对种子造成的损伤差别不大。啤酒大麦籽粒水分为 35%～40% 时，应立即收获，先用人工或割晒机收割，1～2 天后再用联合收获机收获，脱粒机的转速为 400 r/min 左右可以保证啤酒大麦的发芽率[67]。H. P. Harrison[68]建立了轴流式联合收获机收获大麦时的脱粒损伤模型，脱粒损伤与喂入量、大麦含水率、滚筒速度有关，破碎和破皮的大麦籽粒一般不会超过 5%。

上述研究表明，谷物脱粒损伤已受到众多科研工作者的普遍关注，但多数研究只是从试验角度探讨了品种、含水率、碰撞速度、碰撞角度和脱粒方式等对谷物损伤程度的影响，而没有指出其与损伤程度的定量关系。更重要的是，在谷物脱粒损伤的理论分析、数值仿真和有限元模拟等方面的研究工作并不多见，尤其是对水稻脱粒过程中脱粒元件和稻谷碰撞损伤过程的研究还是空白，难以揭示谷物脱粒损伤机理，不能为低损伤脱粒装置的研究和开发提供依据。

1.2.3　谷物损伤量化与检测方法研究

稻谷损伤的定量评价是研究脱粒装置对水稻脱粒损伤程度的非常重要又亟待解决的关键问题，它包含两层含义：① 统计意义，即损伤的谷物数量占谷物样本总量的百分比；② 定量描述单个谷物的损伤程度，即损伤指数。V. K. Jindal 等[69]开发了一种用于预测玉米后续加工中损伤情况的破碎敏感性测试仪，如图 1-2 所示。其工作过程为物料从喂料斗喂入冲击圆盘中心，由离心力加速玉米，使其高速撞击周围圆筒壁，冲击破碎。将出料口得到的物料经过一定孔径圆孔筛，筛面往复振动多次，将破碎粒分离出来，所得破碎玉米占样品总量的百分比即为玉米的破碎敏感性，它也从另一方面反映了玉米的损伤程度，但不适合表征脱粒装置对稻谷的损伤程度。

喂料斗

离心圆盘

冲击圆筒

出料斗

电动机

接料盒

35 mm

150~200 mm

50 mm

离心圆盘示意图

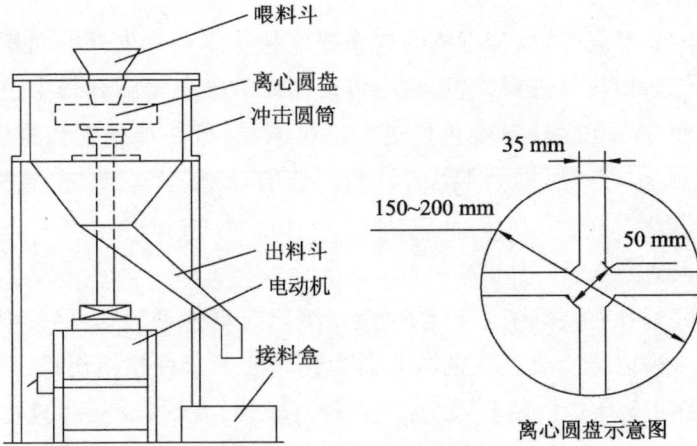

图1-2 破碎敏感性测试仪

董铁有等[70]以半条裂纹作为基本损伤单位,对稻谷损伤情况进行量化,用爆腰指数评价稻爆腰的不同程度以及加工(干燥)工艺对稻米质量的影响程度,并给出了爆腰指数与爆腰率之间的关系。朱文学等[71]在分析玉米应力裂纹指数计算方法的基础上,得到了修正应力裂纹指数方程,给出了完善籽粒、单裂籽粒、双裂籽粒、龟裂籽粒的不同权重,比较了应力裂纹指数和修正应力裂纹指数与破碎敏感性之间的关系,修正后的应力裂纹指数与破碎敏感性拟合得更好,更能反映干后谷物破碎强度的变化。但上述损伤量化方法仍不完善,没有将破壳、破碎、裂纹等不同损伤形式、个体损伤与总体损伤进行统一。此外,在破壳面积、裂纹长度和裂纹数量等细节方面的考虑仍显不足。

谷物损伤的检测是损伤定量评价的关键,目前采用的方法主要有以下几种。

(1)直接观察法

不借助任何工具,用肉眼就可以观察谷物的外部损伤。观察谷物内部应力裂纹的传统方法是灯箱法,即在灯光的照射下进行观察。这种方法与人的精神状态、视觉状况和分辨能力有很大关系,结果存在一定误差,且只能观察到裂纹,对应力裂纹的位置、形态和大小无法精确了解,对稻米内部应力裂纹的显微结构和附近组织的状况更无法知晓,局限性较大。

（2）比色法

H. Mofazzal 等[72]认为谷物的损伤程度与暴露在种皮外的面积成正比，因此可以先对损伤处进行染色，然后将损伤处的染色溶解获得染色量，再运用色度计或分光光度计对染色量进行定量测量，最终得到损伤程度与染色量的对应关系，实现谷物损伤的评价。该方法操作复杂，检测所需时间较长。

（3）激光反射法

根据完好和有缺陷玉米籽粒对激光照射时反射系数存在约40%差异，开发出了一种以低功率氦-钠激光器为光源的玉米籽粒损伤检测设备[73]，其原理如图1-3所示。试验表明：该装置对破碎、有缺口籽粒的检测具有很好的效果，但对有裂纹籽粒的检测精度只有80%。

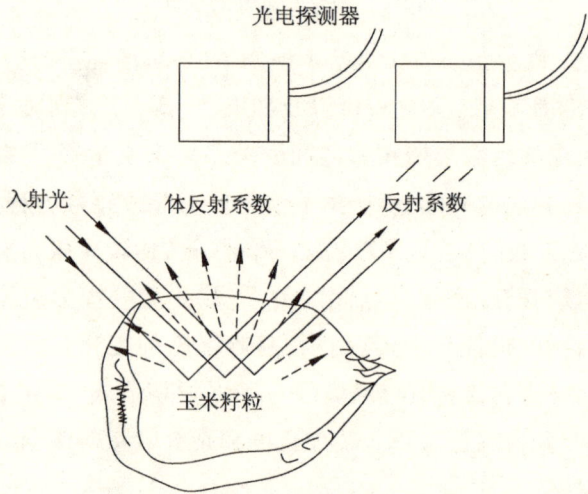

图1-3 激光反射法检测损伤原理图

（4）核磁共振法

核磁共振法（MRI）能够比较清晰地观测到稻谷籽粒内部结构，利用核磁共振技术能够无损地进行稻谷籽粒的断层扫描，获取籽粒内部的多层扫描图像，确定籽粒内部的水分分布及应力裂纹的位置和形态，但不能观测应力裂纹的微观结构[74]，且检测费用较高，操作不方便。

（5）计算机视觉与图像处理法

S. Gunasekaran 等[75]发现当白色光线从黑色背景的窄缝中照射在玉米背

面时,玉米籽粒图像会产生与应力裂纹相对应的白色条纹,基于这一原理其在商业视觉系统上开发了一种检测玉米应力裂纹的图像处理算法。试验表明:检测双裂纹相对容易一些;籽粒相对于检测窄缝的摆放位置对于检测单裂纹和龟裂而言是很重要的。S. Panigrahi 等[76]利用自动阈值技术从玉米穗图像中分割背景,并运用概率理论对其进行修改,结果表明:修改后的算法是一种成功的自动背景分割算法,基于该算法的后续空间测量也具有较高的精度。

完好的谷物籽粒和破损谷物籽粒在粒形上存在明显差异。I. Zayas 等[77]运用图像处理和模式识别技术,开发了一种多元分析分类系统,根据粒形的差异识别完好的玉米籽粒和破损籽粒。该系统用 12 个参数(基本参数,即面积、周长、长度、宽度、突起周长;可导出的参数,即面积/长度^2、面积/突起周长^2、周长/长度、面积/宽度、$4\pi \times$面积/周长^2、周长/突起周长、长度/宽度)描述玉米籽粒的形状,其中的 7 个或 4 个参数可用于识别,同时也考虑了不同的光照环境对识别的影响。试验表明:在互相独立的测试样品中,所开发的系统能正确识别出所有的破损籽粒和 98% 的完好籽粒。K. LiaO 等[78-80]开发的根据谷物粒形轮廓判别谷物损伤的机器视觉系统,将获取的粒形轮廓二值图像输入神经网络进行训练,建立了破损籽粒和完整籽粒网络模型,用于判别谷物损伤与否。试验结果表明:该系统分辨完整籽粒的精确度为 99%,分辨损伤籽粒的精确度为 96%,分辨圆形完整籽粒的精确度为 91%,分辨圆形损伤籽粒的精确度为 95%。

黄星奕等[81-84]提出以饱和度作为特征参数进行胚芽和胚乳的识别,建立了一个双重结构神经网络分类器,用机器视觉获取胚芽米图像,从中提取米粒的物理特性作为网络分类器的输入进行训练,实现了留胚率的自动检测,留胚率的自动检测结果与人工检测结果的吻合率达 88% 以上。对两种市售粳米垩白度的计算机视觉检测结果与人工检测结果的误差小于 0.05。同时,还利用小波变换在图像边缘提取和去噪中的优越性,对二进制尺度下图像小波变换局部极大值检测,提取边缘特征,去除噪声,实现了糙米爆腰图像中裂纹的有效识别,准确率达到 92% 以上[85]。通过计算机视觉获得谷物的清晰图像,运用丰富的图像处理方法,提取破损、应力裂纹等损伤特征信息,这是定量评价谷物损伤程度的好方法,且容易实现自动化,对于水稻脱粒损伤的定量评价具有很好的借鉴意义。

第2章 水稻生物学特性与力学性能参数的获取

水稻生物学特性与其力学性能密切相关,而稻谷弹性模量、泊松比和抗压强度等力学性能参数是稻谷与脱粒元件碰撞损伤理论分析及有限元仿真的基础,是探索水稻脱粒损伤机理的关键。

2.1 水稻的生物学特性

2.1.1 稻穗形态结构

水稻穗头(简称稻穗)主要由稻谷、顶叶、穗轴及枝梗组成,如图2-1所示。稻穗为圆锥花序,中间有一穗轴,轴上有节称穗节,最下一个节称穗颈节;穗节上有退化的苞叶,第一苞在穗颈节上;穗节上长出分枝称一次枝梗,从一次枝梗上又可长出二次枝梗,在一次枝梗的顶端和二次枝梗上长出小枝梗,小枝梗末端有小穗(颖花);每个小穗有2片护颖(针状),内有3朵小花,上位花结实,它包括内颖、外颖、雌芯和雄芯[86]。

水稻脱粒时,若从一次枝梗或二次枝梗断裂,脱下来的稻谷上留有粒柄就形成了带柄稻谷。稻谷带柄在清选时难以透过筛孔,容易形成损失。稻谷的带柄与稻谷–粒柄、粒柄–枝梗以及枝梗–主茎秆之间的连接力有关[31]。稻谷与粒柄之间的连接力反映了水稻脱粒的难易程度,连接力越小,稻谷越容易从穗头上脱下,但连接力过小容易造成自然落粒损失;反之,连接力越大,稻谷越难从穗头上脱落,脱粒就相对较难,很容易造成未脱净损失。粒柄与枝梗以及枝梗与主茎秆之间的连接力的大小与水稻脱粒过程中的带柄率的高低密切相关。

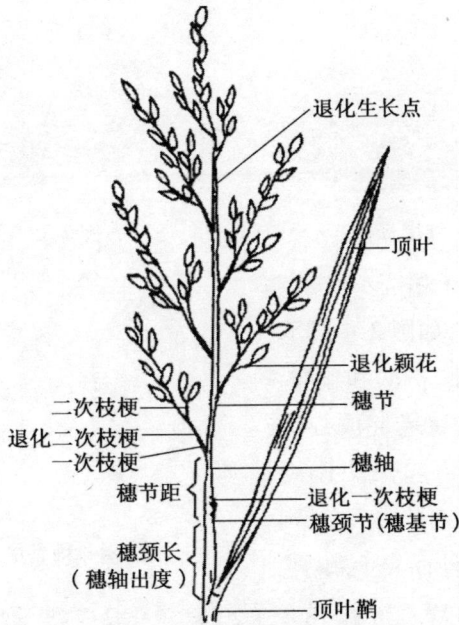

图 2-1　水稻穗头结构

2.1.2　稻谷形态结构

颖花受精结实后成为水稻谷粒(简称稻谷)。我国国家标准(GB 1350—86)按粒形和粒质将稻谷分为籼稻、粳稻和糯稻 3 类。

籼稻籽粒细而长,呈长椭圆形或细长形(见图 2-2),米粒强度小,耐压性能差。籼稻在加工时容易产生碎米,出米率低。粳稻籽粒短而阔,较厚,呈椭圆形或卵形(见图 2-3),米粒强度大,耐压性能好。粳稻在加工时不易产生碎米,出米率较高。按收获季节的不同,籼稻和粳稻又可分为早稻谷和晚稻谷两类。就同一类型的稻谷而言,一般情况下,早稻谷米粒腹白多,角质粒少,米质疏松,耐压性差;而晚稻谷米质坚实,耐压性好,加工时碎米较少,出米率较高。就稻谷的品质而言,晚籼稻谷的品质则优于早粳稻谷。糯稻谷的米粒呈乳白色,不透明或半透明,黏性大,按其粒形可分为籼糯稻谷和粳糯稻谷。

图 2-2 籼稻籽粒

图 2-3 粳稻籽粒

稻谷主要由颖（稻壳）和颖果（糙米）两部分组成，如图 2-4 所示。稻壳包括内颖、外颖、护颖和颖尖 4 部分。内、外颖沿边缘卷起成钩状，互相钩合包住颖果，起保护作用。颖表面生有针状或钩状茸毛，茸毛的疏密和长短因品种而异。颖厚度

图 2-4 稻谷的结构示意图

为 25 ~ 30 μm，占谷粒质量的 18% ~ 20%。一般成熟、饱满的谷粒，颖薄而轻；未成熟的谷粒，其颖富于弹性和韧性，不易脱除。

糙米主要包括籽实皮、胚乳和胚。糙米表面平滑有光泽，有胚的一面称腹面，无胚的一面称背面。糙米米粒表面共有 5 条纵向沟纹，背面的 1 条称背沟，两侧各有 2 条称米沟。有的糙米在腹部或米粒中心部位表现出不透明的白斑，这就是腹白或心白。

籽实皮是果皮和种皮的合称，是糙米的最外一层，包括果皮、种皮、珠心层和糊粉层，总厚度为 33 ~ 54 μm，占糙米质量的 10% 左右。扫描电镜下的籽实皮为纤维状组织，这种组织状态能够承受较大的抗破裂能力，对稻谷应力裂纹的扩展起到了阻力作用，绝大多数的应力裂纹不能突破糊粉层，可保护种子不受损伤。

胚乳为糙米的最大部分，占糙米质量的 90% 左右。胚乳的主要成分是淀粉，其组织结构如图 2-5 所示[87]，图中暗颗粒物为淀粉颗粒，淀粉颗粒周围的白色物质为蛋白质填充物。淀粉粒形态不一，像不规则的碎石块，粒度分布极不均匀，单个淀粉粒直径为 2 ~ 4 μm，团粒的尺寸大于 100 μm[88]。淀粉细胞在淀粉组织中是从中心部位向四周呈放射状排列的，接近中部有明显的中线。内部的淀粉细胞生长较早，接近周围的生长较晚。胚乳中的

淀粉细胞为细长型,横向排列,纵向长度几乎相等,只是横向直径不同。细胞体比较大,且越深入籽粒内部,细胞体越大。细胞横切面呈多边形,细胞中充满一定形状的淀粉粒,越深入胚乳组织内部,其中的淀粉颗粒越大。胚乳有糯性和非糯性两种。非糯性胚乳含直链淀粉较多,切开籽实,横切面呈半透明的角质状态,质硬而脆,称为角质胚乳,其细胞含有大量小的淀粉粒,往往数百个淀粉粒聚成复合淀粉粒,如普通的籼米。糯性胚乳则不同,含支链淀粉达80%以上,其淀粉粒疏软,多少有些呈白粉状,籽实横切面无光泽,呈蜡状,称为粉质胚乳。糙米中的角质胚乳多在外层淀粉细胞,粉质胚乳多在内层淀粉细胞,也有谷粒全部为角质胚乳或全部为粉质胚乳。

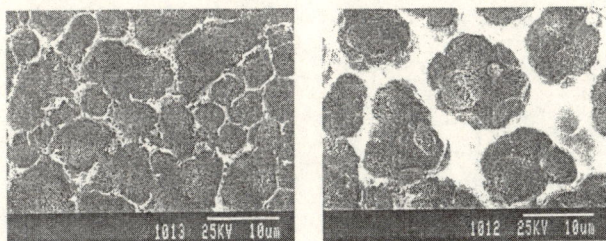

图 2-5　糙米胚乳显微图像

胚位于糙米的下腹部,富含脂肪、蛋白及维生素等,约占米粒质量的3%。胚与胚乳联结不紧密,在碾制过程中容易脱落。

2.2　稻谷几何形态测量系统与方法

为了获得稻谷的弹性模量、泊松比和抗压强度等力学性能参数,需要知道稻谷几何尺寸、断面面积和变形量等信息,而稻谷本身易破碎、尺寸较小,采用电阻应变片、引伸计等直接测量变形量困难[89]。计算机视觉可实现目标物几何形态的非接触测量,具有精度高、测量方便、不受主观因素干扰等优点。本书构建了基于显微图像的稻谷几何形态测量系统。

2.2.1　总体结构

稻谷几何形态测量系统包括光源、移动载物台、体视显微镜、CCD 系统、控制器和计算机(图像采集卡)等,如图 2-6 所示。其中,体视显微镜选用

Nikon的 SMZ1000，CCD 摄像头采用 Nikon 的 DS – 5M – U1 高级数码 CCD 彩色图像成像系统，像素大小为 5 MB；分叉式冷光源型号为德国 SCHOTT 1500 LCD；主机为 DELL 的 OptiPlexTM GX620 商用机型，CPU P4 3.6 GB，内存 1 GB DDR2，独立 PCI – Express 图形卡 256 MB，硬盘 120 GB。利用该系统可以很方便地获取高质量的稻谷或糙米的显微数字图像，光源采用的光纤波纹管结构，可以很方便地获取不同光照角度，且光强损失很小。预备性试验表明，上方 45°方向照明方式可以获得较好的图像质量。为了增强与目标物的对比效果，便于目标物与背景的分离，测量稻谷几何形态时，最终选择黑色为背景颜色。

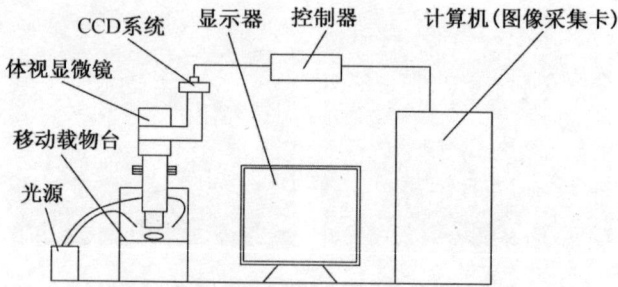

图 2-6　稻谷几何形态测量系统示意图

　　为了完成多个空间位置的图像采集任务，采用了多功能支架，如图 2-7 所示。将体视显微镜放在该支架上，能实现多个方向的移动和转动，保证最佳的拍摄位置。此装置可与物料力学性能试验机配套使用获取压缩试件的动态图像。

2.2.2　系统标定

　　为确定所采集到图像中像素与

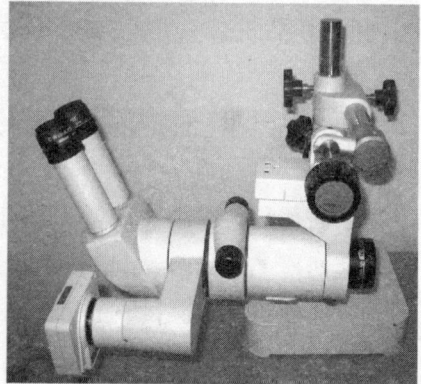

图 2-7　多功能支架

实际长度的关系，采用专用的物台测微尺对图像进行标定：将物台测微尺放置于背景中央并摄取图像，图 2-8 a 中标尺实际长度为 1 mm，其像素值为 200.00，可以求得该焦距下测量系统水平方向标定系数为 0.005，单位为

mm/pixel。经过一系列的图像处理,提取图中的圆形边缘曲线及其外接矩形,测量可得外接矩形水平边长为 600.02 像素,垂直边长为 599.86 像素,如图 2-8 b 所示。

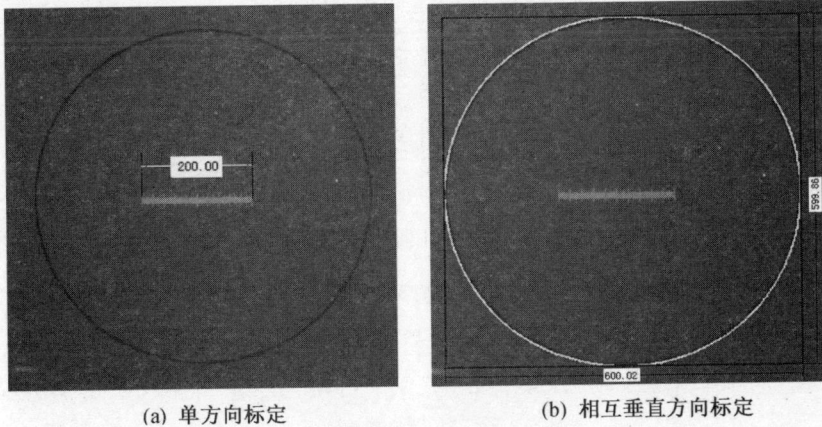

(a) 单方向标定　　　　　　　(b) 相互垂直方向标定

图 2-8　图像系统标定

由图 2-8 可知,稻谷几何形态水平、垂直畸变很小,取其标定系数同为 0.005。确定标定系数后,计算出所求参数的像素点数,乘以标定系数,就可求得稻谷几何形态的真实数据。

2.2.3　测量方法

采用计算机视觉的方法测量稻谷的几何尺寸,需要先获得稻谷或糙米的清晰图像,而后通过灰度化、滤波、增强、腐蚀膨胀、边界跟踪,最终获得稻谷、糙米的清晰轮廓的二值图像,如图 2-9 所示,从而为稻谷几何形态的测量奠定基础。

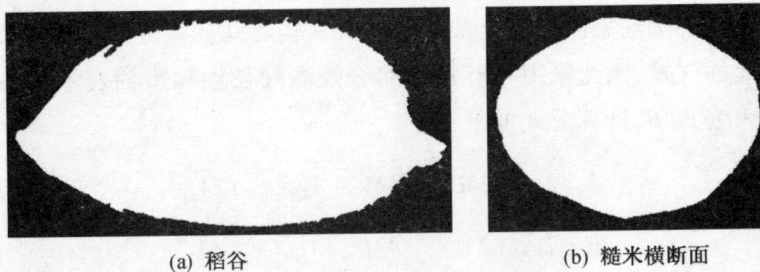

(a) 稻谷　　　　　　　　　(b) 糙米横断面

图 2-9　稻谷、糙米的二值图像

以稻谷长度 L 方向为 x 轴,宽度 B 方向为 y 轴,高度 H 方向为 z 轴,稻谷中心为原点,按照右手定则,建立直角坐标系 $Oxyz$,如图 2-10 所示。

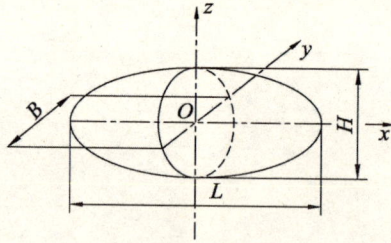

图 2-10   稻谷几何尺寸与坐标系

稻谷相关几何形态参数图像测量方法如下。

（1）面积

$$A = \Big(\sum_{(i,j) \in S} f(i,j) \Big) k_b^2 \tag{2-1}$$

式中:$f(i,j)$ 为图形内像素的坐标 (i,j) 的值,对于二值图像,$f(i,j) = 1$;k_b 为图像标定系数。

（2）形心坐标

由稻谷区域内部各点的像素坐标值 (x_i, y_i),按照行扫描,先求得每行中属于该区域的坐标均值 $(\overline{x_i}, \overline{y_i})$,然后再求区域的形心坐标 (x_0, y_0),计算公式如下:

$$x_0 = \frac{\sum_{i=1}^{n} \bar{x}_i}{n}, \quad y_0 = \frac{\sum_{i=1}^{n} \bar{y}_i}{n} \tag{2-2}$$

式中:n 为行数。

（3）稻谷长度 L、高度 H 和宽度 B

由于稻谷圆周表面曲线复杂、不光滑,其实际几何尺寸的图像检测容易带来较大的误差,因此采用稻谷投影的等效椭圆长轴和短轴表示其长度 L、高度 H 和宽度 B,计算公式如下:

$$L = 2 \sqrt{\big(2M + \sqrt{4M^2 - A_{LH}^4 / \pi^2} \big) / A_{LH}} \tag{2-3}$$

$$H = 2 \sqrt{\big(2M - \sqrt{4M^2 - A_{LH}^4 / \pi^2} \big) / A_{LH}} \tag{2-4}$$

$$B = 2 \sqrt{\big(2M - \sqrt{4M^2 - A_{LB}^4 / \pi^2} \big) / A_{LB}} \tag{2-5}$$

$$M = \sum_{(i,j) \in S} (i^2 + j^2) f(i,j) k_b^2 \tag{2-6}$$

式中: A_{LH}, A_{LB} 分别为稻谷在 Oxz, Oxy 平面内的投影面积; M 为极惯性矩。

采用图像处理的方法,提取稻谷形心、等效椭圆及其长、短轴,如图 2-11 所示。

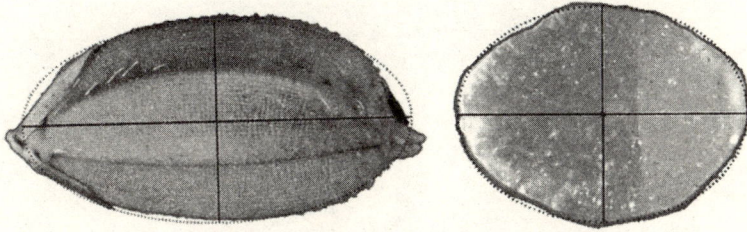

图 2-11　稻谷形心与等效椭圆

2.3　糙米试样单轴压缩试验

由稻谷形态结构可知稻壳厚度很薄且结构上与糙米连接不紧密,稻谷与脱粒元件的碰撞过程中,糙米在压缩力作用下容易塑性变形,造成损伤。这里主要讨论糙米的力学性能。本书采用在农业物料力学特性试验机上通过单轴压缩的方法试验测定糙米的抗压极限、弹性模量和泊松比等力学特性参数,试验要求糙米试件是等截面的,且不能过长以避免压弯,压缩力通过试件轴线。

2.3.1　试验设备、材料与方法

(1) 试验设备

农业物料力学特性试验机由长春新科试验仪器有限公司制造的 WDW30005 型微机控制试验机改制而成,如图 2-12 所示。该机主要技术指标如下:

最大试验力(N):500;

有效测力范围(%):0.4 ~ 100(满量程);

试验力分辨力:满量程的 1/240 000;

加载速度范围(mm/min):0.001 ~ 500;

加载速度准确度(%):0.05;

移动横梁测量范围(mm):0~999;

位移测量分辨力(mm):0.001;

位移测量准确度(%):±0.5(相对示值)。

图 2-12　农业物料力学特性试验机

(2) 样品制备

试验样品为糙米的方棒试样。制备样品时需要将完整的稻米籽粒切掉上、下两个尖面,磨平,以保证接触良好,采用如图 2-13 所示的设备[15],将糙米加工成方棒试样。图 2-13 中厚 2.0 mm 的固定钢板安装在平台上,通过手持钢板保证糙米在砂纸磨削过程中不会移位。通过反复磨削获得糙米方棒试样,其截面尺寸由固定钢板的厚度保证。

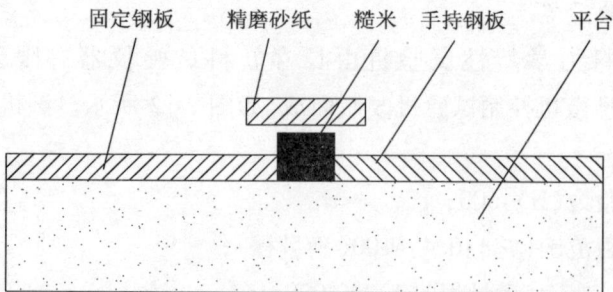

固定钢板　精磨砂纸　糙米　手持钢板　平台

图 2-13　单轴压缩糙米试样的制作设备

（3）试验方法

预备性试验表明，采用 $\phi 5$ mm 圆柱形压头时试验效果较好，故本试验取加载压头直径为 5 mm，下部支撑底板直径为 100 mm。不同加载速度下稻谷的压力－位移曲线也不相同，加载速度过大时，由于曲线上升过快使破坏断裂点不明显，而速度过慢又会使压力－位移曲线变得粗糙[90]，本试验加载速度选为 2 mm/min。

具体试验步骤如下：

① 制取糙米方棒试件若干，用稻谷几何形态测量系统获取试件的长、高、宽等几何尺寸后，迅速装入密封袋密封、待用。

② 取 2~3 个试样，将农业物料力学特性试验机压头提升至比糙米试验高度略高位置，将试样放置在压头的中间位置，设定加载速度，做预备加载试验，确定其弹性范围、最大载荷等，试验过程中观察样品及压力－位移曲线，待样品出现宏观破坏或曲线出现明显破坏点时，手动停止试验。

③ 正式进行单轴压缩试验，同时采用多功能支架及稻谷几何形态测量系统获取单轴压缩试验全过程的动态图像，计算相关力学性能参数。

2.3.2　理论分析

由固体力学可知，刚性平压头对糙米方棒试样单轴压缩试验中，在静载荷及变形初始阶段的小变形条件下，有如下关系。

（1）弹性模量

弹性模量由方棒试件压缩过程中应力－应变曲线的斜率决定。

$$E = \frac{\sigma}{\varepsilon} = \frac{F \cdot l}{A \cdot \Delta l} \tag{2-7}$$

式中：E 为糙米试样的弹性模量，MPa；F 为轴向压缩载荷，N；A 为糙米试样的横截面积，mm^2；l 为糙米试样的初始纵向长度，mm；Δl 为糙米试样的纵向压缩变形，mm。

（2）泊松比

在弹性范围内，受单向正应力作用固体的泊松比 μ 为其横向应变和纵向应变的比值。

$$\mu = \left| \frac{\varepsilon'}{\varepsilon} \right| = \frac{\Delta b \cdot l}{\Delta l \cdot B} \tag{2-8}$$

式中:ε' 为横向应变;ε 为纵向应变;Δb 为糙米试样的横向变形,mm;B 为糙米试样的初始横向长度,mm。

由泊松比的定义可知,要计算泊松比需获得试样的初始纵向、横向长度,以及加载后的纵向和横向变形量。利用所研制的多功能支架和稻谷几何形态测量系统可获取糙米试样压缩过程中的动态图像,在弹性范围内选取加载前后的多组图像,用图像分析的方法很容易获得横向和纵向尺寸的变化,根据式(2-8)可方便地计算出每个试样的泊松比。

（3）抗压强度

把糙米在压缩变形过程中力－变形关系曲线上的第一个峰值,称为压缩破坏力。

糙米试件在压缩载荷的作用下发生宏观结构破坏时的最大应力为破坏应力,即抗压强度极限。

$$\sigma_{by} = \frac{F_{by}}{A} \qquad (2\text{-}9)$$

式中:σ_{by} 为糙米试样的抗压强度,MPa;F_{by} 为糙米试样的轴向压缩最大破坏力,N;A 为糙米试样的横截面积,mm^2。

2.3.3　试验结果与分析

利用农业物料力学特性试验机进行糙米方棒试样的单轴压缩试验,可获得糙米试件压缩时的力－变形关系曲线,根据测得的糙米试件长度和截面尺寸,将其转化为应力－应变关系曲线,如图 2-14 所示,试验用水稻品种为武粳 15,含水率为 18.5%。

从图 2-14 可以看出,糙米组织基本属于脆性材料,在试件破坏前有明显的直线段,随着形变的增加,应力增大,直至出现一个峰值,此点为物料的破坏点。曲线上并无明显的生物屈服点出现,当所受载荷达到破坏力后,稻米籽粒发生破裂。在破坏点的力为物料的破坏力,其应力可视为破坏应力,即试件材料的抗压强度极限 σ_{by},对试验曲线取直线段内数据点,拟合可得出糙米的弹性模量。

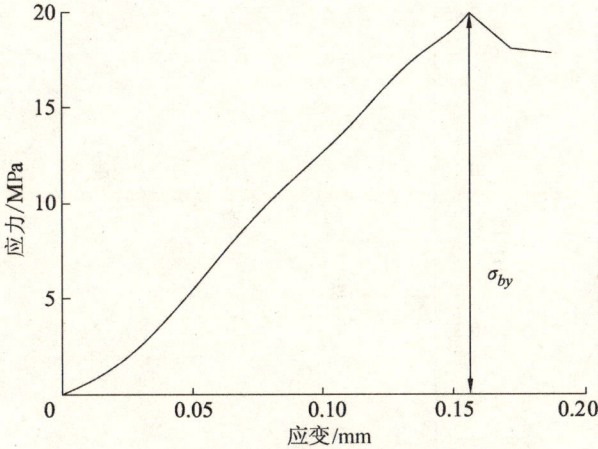

图 2-14　糙米试件的单轴压缩应力–应变曲线

N. N. Chau 和 O. R. Kunze[91]研究指出,进入收获期的水稻籽粒依稻穗不同成熟度也有差异,随着稻谷的成熟其含水率逐渐下降。同一稻穗,从顶端到底部,谷粒的含水率是逐渐增大的,一般有接近 10%(w.b.)的含水率波动,有时会更高[92]。取 4 种不同含水率的武粳 15 稻谷各 30 粒,按上述方法制成方棒试样,进行单轴压缩试验,计算可得相应含水率下的抗压强度、弹性模量、泊松比均值及标准差,如图 2-15 和图 2-16 所示。

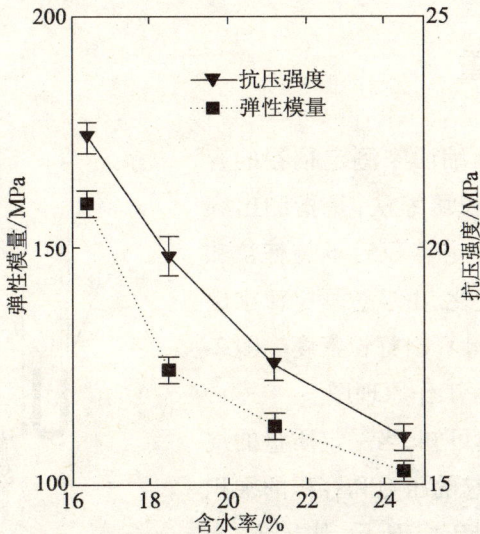

图 2-15　含水率与弹性模量、抗压强度关系曲线

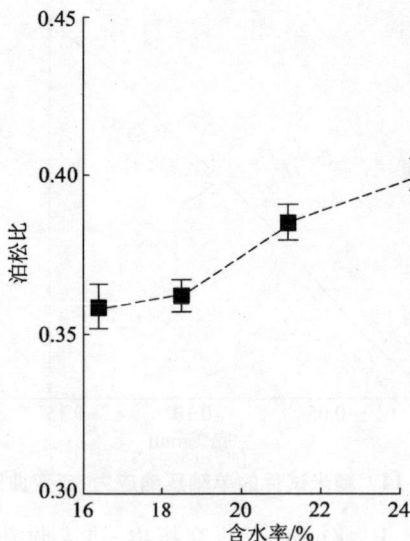

图2-16 含水率与泊松比关系曲线

从图2-15、图2-16可以看出,糙米方棒试件的弹性模量、抗压强度与含水率密切相关,且均随含水率的增加而减小,即含水率低的稻谷抗破坏能力较强,不容易发生损伤。当含水率大于20%时,糙米弹性模量随含水率增加而减小的趋势变缓;而糙米的泊松比随含水率的增加而增加,但变化缓慢。

2.4 稻谷容重

利用定容积压缩法来测定稻谷的容重[93]。所谓定容积压缩法,是指测出容器中活塞压缩到一定容积后不装籽粒和装籽粒时的压力变化,由玻意耳定律求出物料的体积,进而计算出籽粒密度。图2-17为定容积压缩法工作原理图。

由玻意耳定律可知,当一定质量的气体在温度不变时,它的压力和容积的乘积等于恒定值。如图2-17所示,假定 V_0 为标记 A 和 B 之间的体积,V 为标记 B 下

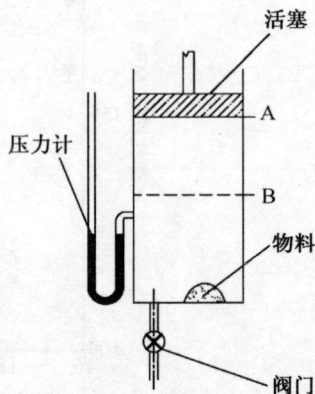

图2-17 定容积压缩法原理示意图

方的体积,当容器中没有待测物料时,将活塞由 A 移动至 B,则存在以下关系式:

$$(V + V_0)p_a = V(p_a + \Delta p_1) \tag{2-10}$$

然后,将待测物料放入容器中,重复上述操作,根据玻意耳定律则有

$$(V + V_0 - V_s)p_a = (V - V_s)(p_a + \Delta p_2) \tag{2-11}$$

由式(2-10)和式(2-11)可得

$$V_s = V_0\left(\frac{p_a}{\Delta p_1} - \frac{p_a}{\Delta p_2}\right) \tag{2-12}$$

式中:V 为测量室体积;V_0 为活塞定压缩体积;V_s 为物料体积;p_a 为大气绝对压力;Δp_1 为没有装入物料时压力计读数;Δp_2 为装入物料时压力计读数。

因此,若 V_0 已知,那么只要测定 p_a,Δp_1,Δp_2 后,即可求出待测物料的体积 V_s 和相应的密度 ρ。

根据上述原理,将测量千粒重的 3 份籽粒作为待测物料,经过多次测量可知,水稻籽粒的密度为 1 365 ~ 1 396 kg/m³。

2.5　稻谷内摩擦系数

当散粒体物料沿某一平面切断时,由莫尔定理可知,所需要的力等于内摩擦力与黏聚力之和,即

$$\tau = c + \sigma \tan\varphi \tag{2-13}$$

式中:τ 为抗剪强度;c 为单位黏聚力;σ 为法向应力;φ 为内摩擦角。

可见,内摩擦系数是基于连续体力学理论的概念,反映了物料间的摩擦特性和抗剪强度,通常可以近似用自然休止角表示。自然休止角指散体物料从一定高度自然连续地下落到平面时,所堆积成的圆锥体母线与底平面的夹角,用 φ_r 表示。它反映了散体物料的内摩擦特性和散落性能,休止角愈大,说明内摩擦力愈大,散落性愈小。内摩擦力还与散粒体的尺寸、形状、湿度、排列方向等因素有关,粒径越小、含水率越大、颗粒间的黏附性越大,休止角越大。虽然休止角是由物料本身内在的摩擦性质决定的,但若对物料进行振动,休止角将随孔隙率的增大而线性减小,流动性增加且颗粒越接近球形、粒径越大,振动的效果就越明显,所以有的文献中将休止角分为静态

休止角和动态休止角。

休止角的测定方法主要有注入法(见图2-18 a)、排出法(见图2-18 b)和倾斜法(见图2-18 c和图2-18 d),原理如图2-18所示。由于测定方法、所用仪器以及测试条件的不同,所测得的数据也不尽相同,但差异不显著。由于注入法测量休止角时,其结构简单、测量方便,因此本书采用注入法测量水稻籽粒的休止角。

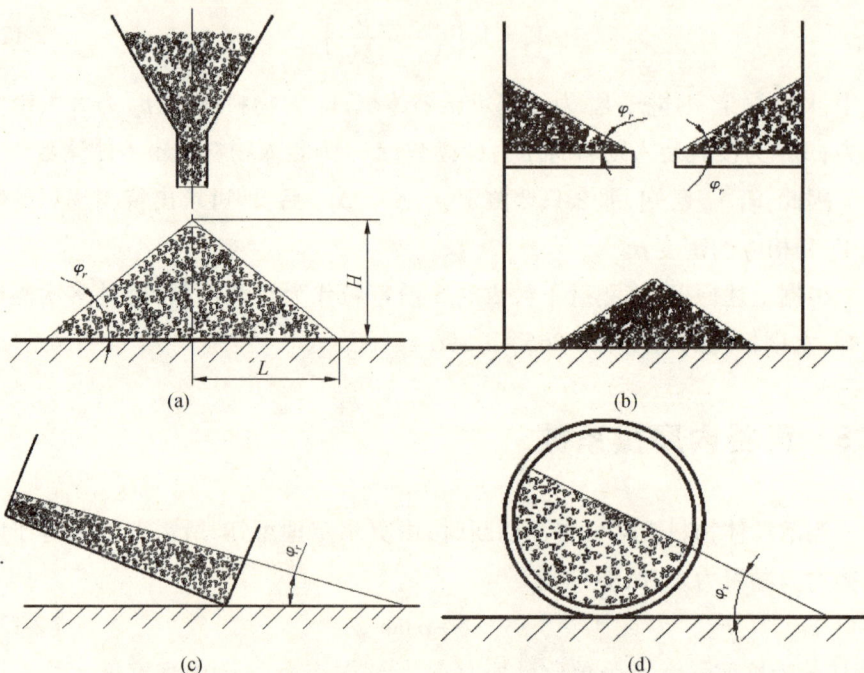

图2-18 休止角测量原理示意图

固定漏斗高度,颗粒从漏斗口落到平面上并自然堆积,则休止角

$$\varphi_r = \arctan(H/L) \qquad (2\text{-}14)$$

式中:H为种子堆积圆锥体高度;L为种子堆积圆锥体半径。

经过多次测量,水稻籽粒的休止角φ_r为38.2°~44.9°。

2.6 稻谷滑动摩擦系数

现代摩擦理论认为,摩擦是一个混合过程,它既要克服分子间的相互作用力,又要克服机械变形的阻力,因此摩擦系数不是一个常数,而是材料和环境条件的综合特性,一般随着滑动速度的增加和温度的升高而降低。当表面存在各种薄膜时,摩擦系数降低,且不易磨损。表面粗糙度对摩擦系数也有影响,表面粗糙,则机械变形起作用,使得摩擦系数增大;反之,表面光滑则分子吸引起作用,也会导致摩擦系数增加。因此存在一个摩擦系数最低的表面粗糙度。此外,随物体静止接触时间的延长,静摩擦系数也会增加。

在清选工作过程中,物料在常温条件下做低速运动,因此古典库仑摩擦定律仍具有适用性,即摩擦力的大小与接触面的法向载荷成正比,方向与接触表面相对运动速度的方向相反。

试验筛选直径相当的水稻籽粒,用黏结剂粘贴在配重块上,形成一个整体,质量为 0.5 kg,摩擦仪牵引器通过弹簧与配重块相连,并做匀速的牵引运动,通过拉压传感器记录下牵引力,MXD - 01 摩擦系数仪(见图 2-19)工作原理如图 2-20 所示。测量结果显示,水稻籽粒样本的滑动摩擦系数为 0.68 ~ 0.82,且随着含水率的增加,滑动摩擦系数有增大的趋势。

图 2-19　MXD - 01 摩擦系数仪

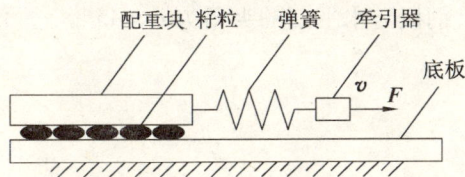

图 2-20　滑动摩擦系数测量原理示意图

2.7　水稻籽粒的恢复系数

颗粒物料的恢复系数表示颗粒物料被碰撞后能恢复到其原始状态(碰撞前)的性能,在农业工程和化学工程等领域有着广泛应用。

筛分是一个复杂的物料运动过程,在筛分过程中,既有物料与筛面之间的碰撞,又有物料与物料之间的碰撞。在研究碰撞的问题中,恢复系数具有特别重要的意义。恢复系数可以以不同的观点定义,包括速度比形式、冲量比形式和能量比形式,在一定的条件下它们是一致的。从碰撞的特点来看,冲量比形式的定义较为可行,但更为直观的是速度比形式,因为碰撞是以速度突变的形式表现出来的,而能够直接测定的也只是速度。能量比形式在涉及能量转化的问题中有一定作用。在农业物料学里,通常将恢复系数定义为:碰撞后相互远离的两物体质心的速度模量与碰撞前两者相互接近时的速度模量在两表面接触点的共同法线上的投影之比,该法线即为碰撞线。根据上述定义正碰和斜碰(不计摩擦)时,恢复系数的公式为

$$e = \frac{v_n'}{v_n} \tag{2-15}$$

式中:v_n'为物料碰撞后的法向分速度;v_n为物料碰撞前的法向分速度。

恢复系数的测量方法有很多种,如可以利用高速 CCD 相机拍下物料碰撞前后的运动轨迹,并通过计算获得恢复系数;利用声音传感器采用落球弹跳法测量碰撞恢复系数和重力加速度。由于水稻籽粒不是球体,形状不规则,采用上述方法很难实现,因此本书根据以下原理设计专门的试验装置来测定水稻籽粒与钢板碰撞时的恢复系数。测量原理如图 2-21 所示,图中 H 为籽粒自由落体到钢板的高度,H_1 为籽粒与钢板碰撞后下落的高度,$H = H_1$;L 为籽粒碰撞后下落到黏板的落点与下落中心的径向距离,线 $n-n$ 为籽粒和钢板的公法线,钢板与水平面的夹角为 $\alpha = 45°$。

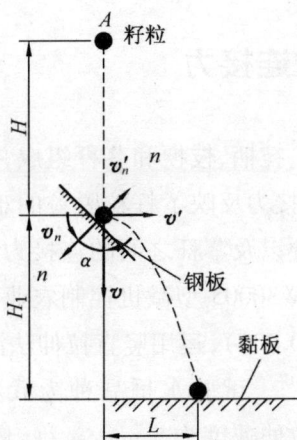

图 2-21 恢复系数测量原理示意图

设籽粒以初速度为 0 从点 A 自由下落,经过时间 t_0 后与钢板碰撞,籽粒碰撞前垂直速度为 v,碰撞后速度的水平分量为 v',碰撞后籽粒下落到黏板的时间为 t_1。根据运动学原理,有

$$v = \sqrt{2gH} \tag{2-16}$$

不计空气阻力和摩擦,则碰撞后垂直速度分量为 0,由 $H_1 = H = \dfrac{gt^2}{2}$,可得

$$t_1 = t_0 = \sqrt{\frac{2H}{g}} \tag{2-17}$$

由速度公式 $v = L/t$,可以推出

$$v' = \frac{L}{t_1} = \frac{L}{\sqrt{\dfrac{2H}{g}}} \tag{2-18}$$

因为钢板与水平面的夹角为 45°,所以有

$$v_n = v\sin 45° \tag{2-19}$$

$$v_n' = v'\sin 45° \tag{2-20}$$

从而恢复系数 e 可以表示为

$$e = \frac{v_n'}{v_n} = \frac{v'\sin 45°}{v\sin 45°} = \frac{v'}{v} = \frac{L}{2H} \tag{2-21}$$

通过多次测量,得到水稻籽粒的恢复系数为 0.43 ~ 0.54。

2.8 水稻穗头籽粒连接力

水稻穗头主要由籽粒、粒柄、枝梗和茎秆组成,籽粒与粒柄、粒柄与枝梗以及枝梗与茎秆之间的连接力反映了籽粒脱粒的难易程度和籽粒脱落的部位;为测试籽粒、粒柄、枝梗以及茎秆之间的连接力,采用长春新科试验仪器有限公司制造生产的 WDW30005 型微机控制农业物料机械特性试验机(精度 ±0.5% ,分辨率 ±1/120 000),运用竖直拉伸法测量籽粒、粒柄、枝梗以及茎秆之间连接力的大小[31]。试验水稻品种为武粳2645,平均产量为 108 kg/km^2,试验时对籽粒的拉伸速度为 5 mm/s,每组试验重复 3 次取平均值。水稻穗头上的籽粒与粒柄、粒柄与枝梗以及枝梗与茎秆之间连接力的测试方法如图 2-22 所示。

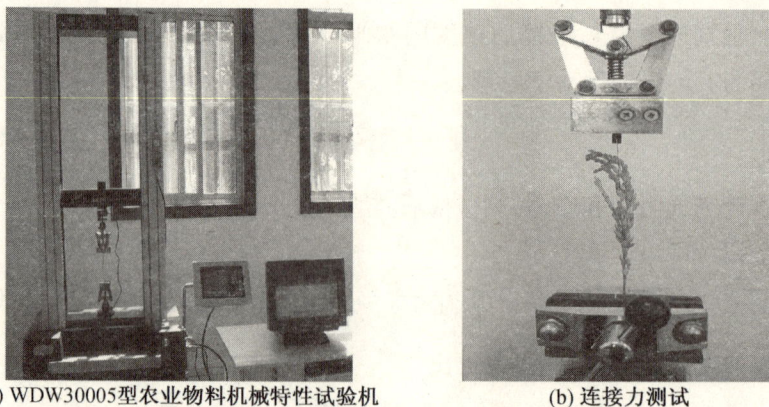

(a) WDW30005型农业物料机械特性试验机   (b) 连接力测试

图 2-22 水稻穗头籽粒、粒柄与枝梗连接力测试

在收获时常存在同一批水稻中穗头的含水率有所不同的现象,而含水率不同时籽粒、粒柄、枝梗以及茎秆之间的连接力大小也不同。试验时分别对同一批水稻的 3 种穗头(含水率分别为 23.64% ,25.30% ,27.68%)进行籽粒、粒柄、枝梗以及主茎秆之间的连接力测定,设从穗头底部到穗头顶部上的枝梗为第 1 枝梗,第 2 枝梗,…,第 12 枝梗。试验结果如表 2.1、表 2.2 和表 2.3 所示。

表 2.1　含水率为 23.64% 时水稻穗头上各部位之间的连接力　　　　　　N

测试位置	籽粒与粒柄	粒柄与枝梗	枝梗与茎秆
第 1 枝梗	2.06	3.60	10.40
第 2 枝梗	2.02	3.62	9.98
第 3 枝梗	2.00	3.58	9.52
第 4 枝梗	1.97	3.36	8.00
第 5 枝梗	1.96	3.28	7.78
第 6 枝梗	1.91	3.25	6.41
第 7 枝梗	1.86	3.16	6.35
第 8 枝梗	1.82	3.05	6.12
第 9 枝梗	1.81	3.01	5.97
第 10 枝梗	1.79	2.97	5.86
第 11 枝梗	1.72	2.92	5.75
第 12 枝梗	1.68	2.91	4.45
平均连接力	1.88	3.22	7.22

表 2.2　含水率为 25.30% 时水稻穗头上各部位之间的连接力　　　　　　N

测试位置	籽粒与粒柄	粒柄与枝梗	枝梗与茎秆
第 1 枝梗	1.94	3.35	10.75
第 2 枝梗	1.89	3.34	10.27
第 3 枝梗	1.82	3.32	9.85
第 4 枝梗	1.85	3.28	8.52
第 5 枝梗	1.81	3.17	7.70
第 6 枝梗	1.80	3.12	7.00
第 7 枝梗	1.76	3.05	6.92
第 8 枝梗	1.73	2.97	6.85
第 9 枝梗	1.68	2.84	6.51
第 10 枝梗	1.62	2.81	6.47
第 11 枝梗	1.57	2.79	6.42
第 12 枝梗	1.52	2.75	6.39
平均连接力	1.75	3.06	7.80

表 2.3　含水率为 27.68% 时水稻穗头上各部位之间的连接力　　　　N

测试位置	籽粒与粒柄	粒柄与枝梗	枝梗与茎秆
第 1 枝梗	1.92	3.37	9.98
第 2 枝梗	1.81	3.29	8.27
第 3 枝梗	1.78	3.25	8.03
第 4 枝梗	1.72	3.17	7.92
第 5 枝梗	1.65	3.08	7.38
第 6 枝梗	1.62	3.05	6.91
第 7 枝梗	1.59	2.98	6.49
第 8 枝梗	1.52	2.72	6.25
第 9 枝梗	1.49	2.55	6.18
第 10 枝梗	1.50	2.56	6.02
第 11 枝梗	1.45	2.21	5.94
第 12 枝梗	1.42	2.15	5.61
平均连接力	1.62	2.87	7.08

　　从表 2.1、表 2.2 和表 2.3 可知,同一穗头上各部位之间的连接力都是第 1 枝梗处最大,越接近穗头顶端的连接力越小;水稻穗头上的籽粒与粒柄之间的连接力小于粒柄与枝梗之间的连接力,粒柄与枝梗之间的连接力小于枝梗与茎秆之间的连接力;在同一批水稻中,随着穗头含水率从 23.64% 增加到 27.68%,籽粒与粒柄、粒柄与枝梗、枝梗与茎秆之间的平均连接力减小。

　　将表 2.1、表 2.2 和表 2.3 中籽粒与粒柄、粒柄与枝梗以及枝梗与穗头茎秆之间的连接力绘制成连接力直方图,如图 2-23、图 2-24 和图 2-25 所示。

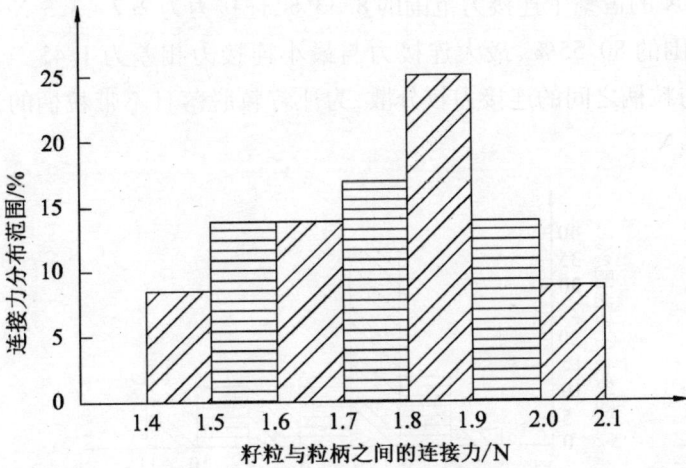

图 2-23　籽粒与粒柄之间的连接力

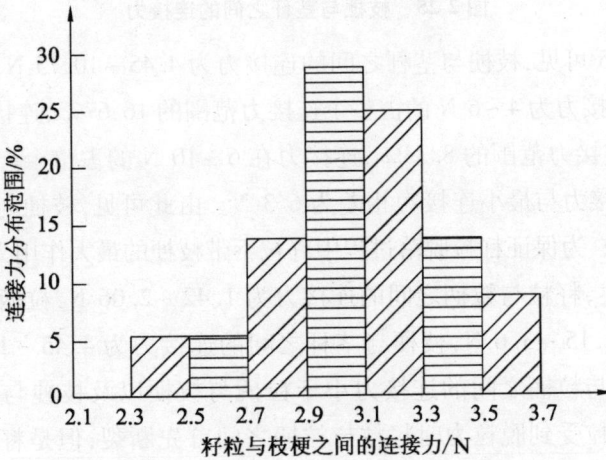

图 2-24　粒柄与枝梗之间的连接力

从图 2-23 可见,籽粒与粒柄之间的连接力为 1.42 ~ 2.06 N,平均连接力为 1.75N,连接力为 1.4 ~ 1.5 N 的占整个连接力范围的 8.33%,连接力为 2.0 ~ 2.1 N 的占整个连接力范围的 8.33%,连接力为 1.5 ~ 2.0 N 的占整个连接力范围的 83.34%,最大连接力与最小连接力相差为 0.64 N。由此可见,籽粒与粒柄之间的连接力较集中,籽粒脱落需要的最小作用力为 2.06 N。

从图 2-24 可见,粒柄与枝梗之间的连接力为 2.15 ~ 3.60 N,平均连接力为 3.05 N,连接力为 2.1 ~ 2.7 N 的占整个连接力范围的 11.12%,连接力为

3.5~3.7 N 的占整个连接力范围的 8.33%，连接力为 2.7~3.5 N 的占整个连接力范围的 80.55%，最大连接力与最小连接力相差为 1.45 N。由此可见，籽粒与粒柄之间的连接力较分散，为让籽粒脱落且不带粒柄的最大作用力为 2.15 N。

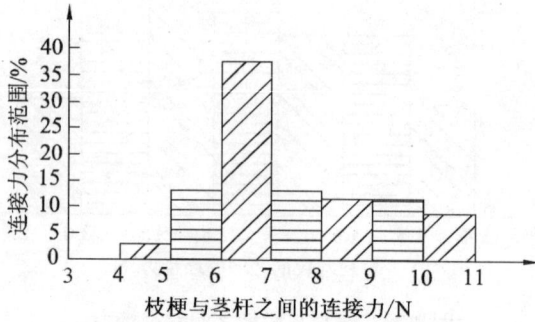

图 2-25　枝梗与茎秆之间的连接力

从图 2-25 可见，枝梗与茎秆之间的连接力为 4.45~10.75 N，平均连接力为 7.37 N，连接力为 4~6 N 的占整个连接力范围的 16.67%，连接力为 10~11 N 的占整个连接力范围的 8.33%，连接力在 6~10 N 的占整个连接力范围的 75%，最大连接力与最小连接力相差为 6.3 N。由此可见，枝梗与茎秆之间的连接力较分散，为保证籽粒脱落过程中籽粒不带枝梗的最大作用力为 4.45 N。

综上所述，籽粒与粒柄之间的连接力为 1.42~2.06 N，粒柄与枝梗之间的连接力为 2.15~3.6 N，枝梗与茎秆之间的连接力为 4.45~10.75 N。由此可见，籽粒与粒柄之间的连接力小于粒柄与枝梗以及枝梗与茎秆之间的连接力，在籽粒受到脱粒力时籽粒与粒柄之间首先断裂；但是籽粒与粒柄之间的连接力与粒柄与枝梗之间的连接力存在重叠区域，这说明在籽粒脱粒的过程中容易存在籽粒带柄现象。

第3章 稻谷碰撞损伤的理论分析与有限元模拟

　　水稻进入脱粒空间后,稻谷在脱粒元件作用下从稻穗上脱落形成自由籽粒实现脱粒。冲击脱粒和搓擦脱粒是最重要的两种脱粒方式[94]:冲击脱粒(打击脱粒)依靠脱粒元件与谷物穗头之间相互碰撞使谷物脱粒,为全喂入联合收获机钉齿滚筒主要脱粒方式;搓擦脱粒靠脱粒元件对谷物及谷物之间的相互揉搓、摩擦进行脱粒,全喂入式联合收获机纹杆滚筒以搓擦脱粒为主,冲击脱粒为辅。目前国内外关于水稻脱粒损伤的研究主要采用台架试验,如 Mitchell 和 Rounthwaite 等[95,96]试验研究了打击速度和作物湿度对破碎率的影响,结论是湿度提高时,破碎率减少;打击速度增加时,破碎率则成比例增加。农业机械学教材均采用了这一结论,但这一结论还缺少理论分析。师清翔等[97]提出了用装有梳刷柔性齿的橡胶滚筒代替传统钢制滚筒并延长脱粒时间的办法,试验证明对水稻、小麦适应性较好。以上研究均建立在试验基础上,缺少脱粒元件和谷粒间作用过程的理论分析与有限元模拟分析。

3.1　稻谷碰撞损伤的理论分析

　　稻谷碰撞损伤过程可分为弹性碰撞和非弹性碰撞两个阶段。冲击脱粒碰撞开始时,稻谷产生弹性变形,卸载后能完全恢复,在这一阶段可根据接触力学计算变形量、平均压力和冲击持续时间;随着压缩的继续,当最大接触压力超过由 Von Mises 准则给出的屈服极限时,稻谷(主要是糙米)将产生永久塑性变形或脆断,形成应力裂纹或断裂。搓擦脱粒时,稻谷与脱粒元件碰撞过程中因相互滑动而有摩擦力的存在,当摩擦力超过稻壳的抗拉强度时,稻壳将被撕裂,形成破壳损伤。

3.1.1 弹性碰撞阶段

假设如下:① 稻谷为各向同性均匀椭球体;② 接触区较小,在初始接触点附近稻谷和脱粒元件可视为弹性半空间;③ 接触过程中形变量远小于稻谷的尺寸,稻谷与脱粒元件在初始接触点附近的表面二阶连续,接触区为椭圆,a 为长轴,b 为短轴。

脱粒元件与稻谷碰撞如图 3-1 所示。

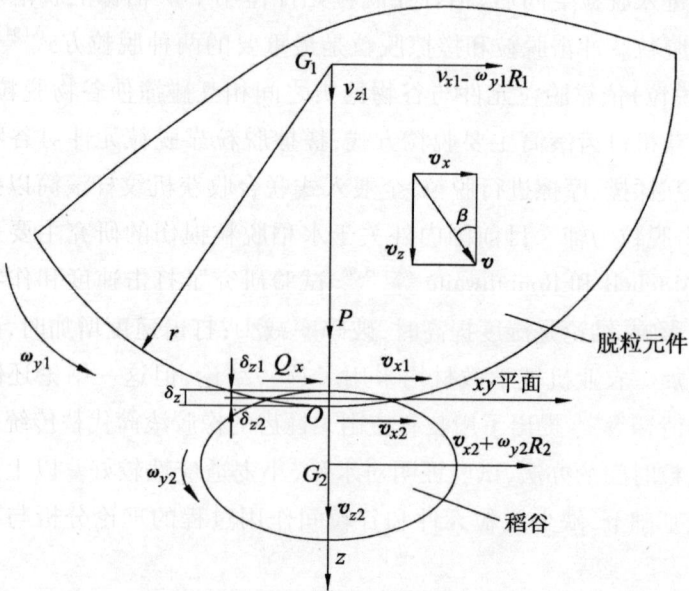

图 3-1　脱粒元件与稻谷碰撞示意图

以脱粒元件和稻谷的碰撞接触初始点为原点,接触处的切平面为 xy 平面,按照右手定则建立图 3-1 所示的坐标系 $Oxyz$。

图 3-1 中:v_{z1},v_{z2} 分别为碰撞前脱粒元件与稻谷的法向运动速度,m/s;v_{x1},v_{x2} 分别为碰撞前脱粒元件与稻谷的切向运动速度,m/s;ω_{y1},ω_{y2} 分别为碰撞前脱粒元件与稻谷的切向运动角速度,rad/s;V_z,V_z 分别为稻谷和脱粒元件碰撞前相对法向、切向速度,m/s;β 为稻谷和脱粒元件碰撞前的入射角,(°);G_1,G_2 分别为脱粒元件与稻谷的质心;P 为法向相互作用力,N;Q_x 为切

向摩擦力,N;δ_z 为脱粒元件与稻谷质心相互接近的法向位移(法向压缩量),m。

根据 Hertz 理论,一般外形的两物体接触时,接触区尺寸 c、法向压缩量 δ 和接触面上的最大压力 p_0 分别为[98]

$$c = \left(\frac{3PR_e}{4E^*} \right)^{\frac{1}{3}} F_1(e) \tag{3-1}$$

式中:c 为等效接触半径,m;$R_e = (R'R'')^{\frac{1}{2}}$ 为等效相对半径,其中 R' 和 R'' 为相对曲率半径;$F_1(e)$ 为修正因子,可根据 $\left(\frac{R'}{R''} \right)^{\frac{1}{2}}$ 的值得出。

$$\frac{1}{R'} = \frac{1}{R'_1} + \frac{1}{R'_2}, \quad \frac{1}{R''} = \frac{1}{R''_1} + \frac{1}{R''_2}$$

式中:R'_1,R''_1 分别为脱粒元件在接触区任意法向平面中最大、最小曲率半径,m;R'_2,R''_2 分别为稻谷在接触区任意法向平面中最大、最小曲率半径,m。

$$\frac{1}{E^*} = \frac{1 - \mu_1^2}{E_1} + \frac{1 - \mu_2^2}{E_2}$$

式中:E_1,E_2 分别为脱粒元件和稻谷的弹性模量,Pa;μ_1,μ_2 分别为脱粒元件和稻谷的泊松比。

$$\delta = \left(\frac{9P^2}{16E^{*2}R_e} \right)^{\frac{1}{3}} F_2(e) \tag{3-2}$$

式中:$F_2(e)$ 为修正因子,可根据 $\left(\frac{R'}{R''} \right)^{\frac{1}{2}}$ 值得出。

$$p_0 = \frac{3P}{2\pi ab} = \left(\frac{6PE^{*2}}{\pi^3 R_e^2} \right)^{\frac{1}{3}} \{ F_1(e) \}^{-\frac{2}{3}} \tag{3-3}$$

式中:p_0 为最大压力,Pa。

稻谷与脱粒元件发生碰撞,由于弹性变形,两物体形心在法向上接近位移 δ_z。稻谷与脱粒元件的法向相对速度为

$$v_{z1} - v_{z2} = \frac{d\delta_z}{dt} \tag{3-4}$$

任何瞬间,稻谷与脱粒元件之间的法向作用力是时间 t 的函数,记为 $P(t)$,且有

$$P(t) = -m_1 \frac{dv_{z1}}{dt} = m_2 \frac{dv_{z2}}{dt} \qquad (3\text{-}5)$$

式中：m_1 为脱粒元件质量，kg；m_2 为稻谷质量，kg。

令 $\dfrac{1}{m} = \dfrac{1}{m_1} + \dfrac{1}{m_2}$，则

$$-\frac{1}{m}P(t) = -\frac{m_1+m_2}{m_1 m_2}P(t) = \frac{d}{dt}(v_{z1}-v_{z2}) = \frac{d^2 \delta_z}{dt^2} \qquad (3\text{-}6)$$

由式(3-2)可知

$$P(t) = \frac{4}{3}F_2(e)^{-\frac{3}{2}}R_e^{\frac{1}{2}}E^* \delta_z^{\frac{3}{2}} \qquad (3\text{-}7)$$

将式(3-6)代入式(3-7)，有

$$m \frac{d^2 \delta_z}{dt^2} = -\frac{4}{3}F_2(e)^{-\frac{3}{2}}R_e^{\frac{1}{2}}E^* \delta_z^{\frac{3}{2}} \qquad (3\text{-}8)$$

对式(3-8)两边积分，整理得

$$\frac{1}{2}\left[v_z^2 - \left(\frac{d\delta_z}{dt}\right)^2 \right] = \frac{8}{15m}F_2(e)^{-\frac{3}{2}}R_e^{\frac{1}{2}}E^* \delta_z^{\frac{5}{2}} \qquad (3\text{-}9)$$

式中：$v_z = (v_{z1}-v_{z2})_{t=0}$，为稻谷和脱粒元件相互靠近的法向速度。

当 δ_z 达到最大压缩量时，$\dfrac{d\delta_z}{dt}=0$，由式(3-9)可得

$$\delta_z^* = \left[\frac{15mv_z^2 F_2(e)^{\frac{3}{2}}}{16 R_e^{\frac{1}{2}} E^*} \right]^{\frac{2}{5}} \qquad (3\text{-}10)$$

式中：δ_z^* 为最大法向压缩量，m。

同样可得

$$P^* = \frac{4}{3}F_2(e)^{-\frac{3}{2}}R_e^{\frac{1}{2}}E^* \delta_z^{*\frac{3}{2}} \qquad (3\text{-}11)$$

式中：P^* 为最大法向作用力，N。

联立式(3-3)、式(3-10)和式(3-11)可得

$$p_0^* = \frac{3P}{2\pi ab} = \frac{3}{2\pi}\{F_1(e)\}^{-2}\{F_2(e)\}^{-\frac{1}{5}}\left(\frac{4E^*}{3R_e^{3/4}}\right)^{\frac{4}{5}}\left(\frac{5}{4}mv_z^2\right)^{\frac{1}{5}} \qquad (3\text{-}12)$$

式中：p_0^* 为最大法向接触压力，Pa。

由式(3-9)可得

$$1 - \frac{1}{v_z^2}\left(\frac{\mathrm{d}\delta_z}{\mathrm{d}t}\right)^2 = \frac{16R_e^{\frac{1}{2}}E^*}{15mv_z^2F_2(e)^{\frac{3}{2}}}\delta_z^{\frac{5}{2}} \tag{3-13}$$

将式(3-10)代入式(3-13),两边积分,可得法向压缩量与时间的函数关系

$$t = \frac{\delta_z^*}{v_z}\int \frac{\mathrm{d}(\delta_z/\delta_z^*)}{\left[1 - (\delta_z/\delta_z^*)^{\frac{5}{2}}\right]^{\frac{1}{2}}} \tag{3-14}$$

根据式(3-14)采用数值计算的方法可得,从开始碰撞到最大压缩时刻,法向压缩量 δ_z、法向压缩力 P 与时间 t 的关系,如图 3-2 所示。

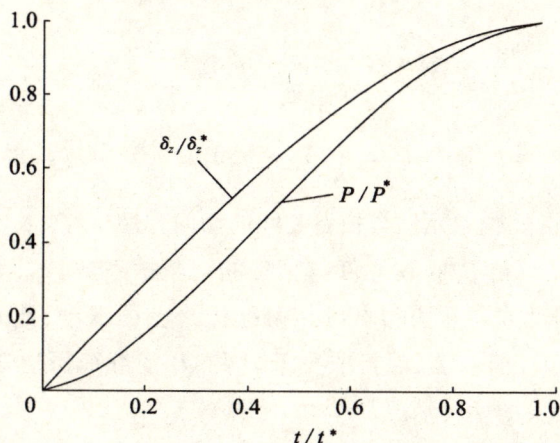

图 3-2　法向压缩量 δ_z、法向压缩力 P 与时间 t 的关系曲线

从图 3-2 可以看出,随着时间的增加,法向压缩量 δ_z、法向压缩力 P 迅速增大。其中,法向压缩量 δ_z 增加较快,在最大压缩时刻 $t = t^*$,法向压缩量和法向压缩力同时达到最大值 δ_z^* 和 P^*。

从碰撞开始到最大压缩时刻的时间为

$$t^* = \frac{\delta_z^*}{v_z}\int_0^1 \frac{\mathrm{d}(\delta_z/\delta_z^*)}{\left[1 - (\delta_z/\delta_z^*)^{\frac{5}{2}}\right]^{\frac{1}{2}}} = 2.94\frac{\delta_z^*}{v_z} = 2.87\left(\frac{m^2F_2(e)^3}{R_eE^{*2}v_z}\right)^{\frac{1}{5}} \tag{3-15}$$

同样,在切平面内,x 方向也有

$$Q_x = -m_1\frac{\mathrm{d}}{\mathrm{d}t}(v_{x1} - \omega_{y1}R_1) = m_2\frac{\mathrm{d}}{\mathrm{d}t}(v_{x2} + \omega_{y2}R_2) \tag{3-16}$$

式中：$R_1 = (R'_1 R''_1)^{\frac{1}{2}}$，$R_2 = (R'_2 R''_2)^{\frac{1}{2}}$，分别为脱粒元件和稻谷的等效半径，m。

脱粒元件和稻谷关于 y 轴的动量矩守恒，即

$$\frac{\mathrm{d}}{\mathrm{d}t}(-m_1 v_{x1} R_1 + m_1 (R_1^2 + k_1^2) \omega_{y1}) = \frac{\mathrm{d}}{\mathrm{d}t}(m_1 v_{x1} R_2 + m_1 (R_2^2 + k_2^2) \omega_{y2}) = 0 \tag{3-17}$$

式中：k_1，k_2 分别为脱粒元件和稻谷关于其质心的回转半径，m。

联合式(3-16)和式(3-17)，消去 ω_{y1} 和 ω_{y1} 后整理得

$$Q_x = -\frac{m_1}{1 + R_1^2/k_1^2}\frac{\mathrm{d}v_{x1}}{\mathrm{d}t} = \frac{m_2}{1 + R_2^2/k_2^2}\frac{\mathrm{d}v_{x2}}{\mathrm{d}t} \tag{3-18}$$

若记 $m_i^* = \dfrac{m_i}{1 + R_i^2/k_i^2}$，$\dfrac{1}{m^*} = \dfrac{1}{m_1^*} + \dfrac{1}{m_2^*}$，可得

$$\frac{1}{m^*}Q_x = \frac{\mathrm{d}}{\mathrm{d}t}(v_{x2} - v_{x1}) = \frac{\mathrm{d}^2\delta_x}{\mathrm{d}t^2} \tag{3-19}$$

式中：δ_x 为接触点处脱粒元件与稻谷之间的切向弹性位移。

当 $Q_x < |\mu_p P|$（μ_p 为脱粒元件与稻谷的动摩擦系数）时，脱粒元件与稻谷之间不会有滑动或在压力很低的接触区边缘上微滑动，此时切向力比较复杂，不仅与 P，Q_x 值有关，而且取决于 P 和 Q_x 的载荷历史[98]。这里只讨论与实际脱粒相关的两种情况。

① 当入射角 $\beta < \arctan\dfrac{\mu_p}{\lambda}$（$\lambda$ 为脱粒元件与稻谷的刚度比，是材料常数）时，此时法向力 P 是主要因素，切向力 Q_x 很小，脱粒元件与稻谷为正碰撞，冲击脱粒方式中稻谷与钉齿碰撞属于这一类。

② 当入射角 $\beta > \arctan\left[\mu_p\left(\dfrac{2m}{m^*} - \dfrac{1}{\lambda}\right)\right]$ 时，碰撞过程中滑动始终存在，此时 $Q_x = |\mu_p P|$，以搓擦为主、冲击脱粒为辅的纹杆与稻谷碰撞属于这一类。

3.1.2 非弹性碰撞阶段

对于入射角较小的情况，在最大的压缩时刻，根据 Von Mises 准则，当接触压力 $p_0 = 1.6\sigma_{by}$（σ_{by} 为稻谷在单向压缩下的抗压强度）时，稻谷在接触区域某一点达到弹性状态的极限，将进入塑性变形，导致应力裂纹的产生。

稻谷发生塑性变形的临界状态为

$$p_0 = 1.6\sigma_{by} \tag{3-20}$$

此时，$t = t^*, \delta_z = \delta_z^*, P = P^*, p_0 = p_0^*$，即

$$p_0^* = \frac{3P}{2\pi ab} = \frac{3}{2\pi}\{F_1(e)\}^{-2}\{F_2(e)\}^{-\frac{1}{5}}\left(\frac{4E^*}{3R_e^{3/4}}\right)^{\frac{4}{5}}\left(\frac{5}{4}mv_z^2\right)^{\frac{1}{5}} = 1.6\sigma_{by} \tag{3-21}$$

整理得

$$v_z^2 \approx 106.96\{F_1(e)\}^{10}F_2(e)\frac{\sigma_{by}^5 R_e^3}{mE^{*4}} \tag{3-22}$$

从式(3-22)可得,当稻谷和脱粒元件的几何尺寸、脱粒元件弹性模量、泊松比确定后,稻谷与脱粒元件碰撞不发生塑性变形时的临界速度只与稻谷的抗压强度 σ_{by}、弹性模量和泊松比有关,均为非线性关系。

当入射角较大时,除了上述可能存在的法向作用形成应力裂纹外,若碰撞过程中切向作用力的最大值 Q_x^* 超过稻壳的极限拉力,稻壳将被撕裂,形成外部损伤(破壳)。该条件下,稻谷发生破壳损伤的临界状态为

$$Q_x^* = |\mu_p P^*| = F_k \tag{3-23}$$

式中:Q_x^* 为切向作用力的最大值,N;F_k 为稻壳的极限拉力,N。

将式(3-10)和式(3-11)代入式(3-23),整理可得

$$v_z^2 \approx 0.66\frac{F_2(e)}{m}\left(\frac{F_k^5}{\mu_p^5 R_e E^{*2}}\right)^{\frac{1}{3}} \tag{3-24}$$

计算纹杆搓擦脱粒的临界相对速度时,应同时考虑式(3-22)和式(3-24)的计算结果,并取其中较小的一个。

3.2　稻谷碰撞损伤的实例计算

稻谷采用镇江地区普遍种植的晚粳稻武粳 15,测得其长度 $L = 5.983 \times 10^{-3}$ m,宽度 $B = 3.541 \times 10^{-3}$ m,高度 $H = 2.512 \times 10^{-3}$ m,则 $R_2' = \frac{L^2}{2H} = 7.125 \times 10^{-3}$ m,$R_2'' = \frac{B^2}{2H} = 2.496 \times 10^{-3}$ m。

若脱粒元件为钉齿,如图 3-3 所示,直径为 16 mm,则 $R'_1 = \infty$, $R''_1 = r = 8 \times 10^{-3}$ m。

因为脱粒元件的质量 $m_1 \gg$ 稻谷质量 m_2 ,所以 $m \approx m_2 = 3.1 \times 10^{-5}$ kg。

钉齿材料为 Q235A,由手册可知其弹性模量 $E_1 = 2.06 \times 10^{11}$ Pa,泊松比 $\mu_1 = 0.28$ 。

相对曲率比值 $(R'/R'')^{\frac{1}{2}} = 1.23$,查表可得出 $F_1(e) = F_2(e) = 1.0^{[98]}$ 。

收获时稻谷含水率的不一致、籽粒的个体差异等因素都会影响稻谷的弹性模量、抗压强度等参数,而对泊松比影响相对较小,因此取稻谷的泊松比 $\mu_2 = 0.39$ 。冲击脱粒时稻谷与钉齿碰撞,入射角较小,主要

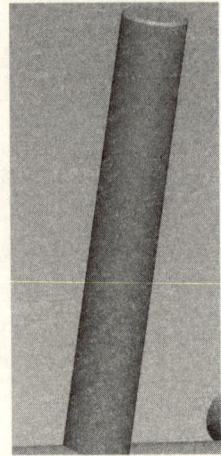

图 3-3 钉齿

考虑法向力的影响。若碰撞前钉齿相对稻谷的速度为 v ,此时 $v \approx v_z$,由式(3-22)可获得稻谷与钉齿碰撞损伤的临界速度 v 与稻谷弹性模量和抗压强度的关系,如图3-4 所示。

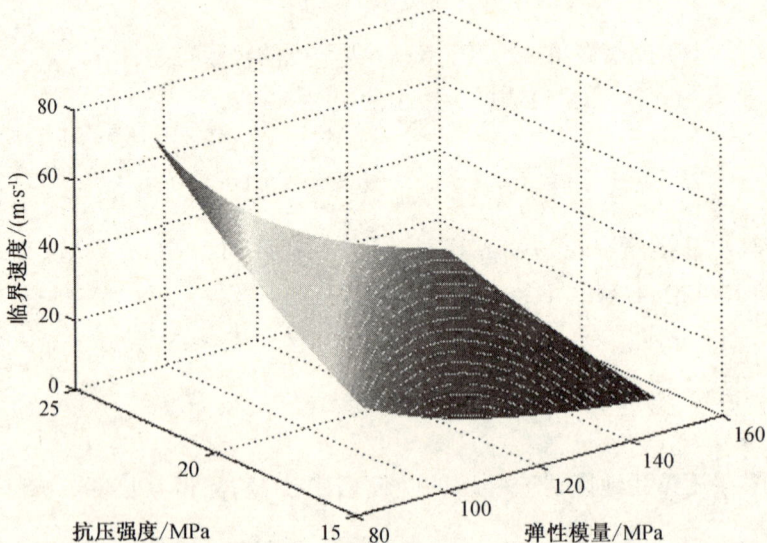

图 3-4 钉齿滚筒临界速度与稻谷抗压强度和弹性模量的关系图

从图 3-4 可以看出,随着抗压强度的减小,临界速度迅速降低;而由图

2-15 可知,抗压强度随含水率的增加而减小,即含水率高的稻谷,与脱粒元件钉齿碰撞发生损伤的临界速度低,容易形成裂纹或破碎。由图 2-15 可知,当稻谷含水率升高时,其弹性模量减小;而抗压强度不变时,随着稻谷弹性模量的减小,临界速度逐渐增大。但从图 3-4 可以看出抗压强度的变化对临界速度的影响更明显,即随含水率的减小,脱粒元件钉齿碰撞发生损伤的临界速度总体是增大的。因此,在成熟度高(含水率低)的条件下进行收获,有利于减少稻谷的损伤。

同样道理,若脱粒元件为短纹杆 – 板齿(见图 3-5),则其与稻谷的碰撞如图 3-6 和图 3-7 所示。板齿与稻谷的碰撞损伤情况和钉齿类似,不再赘述。

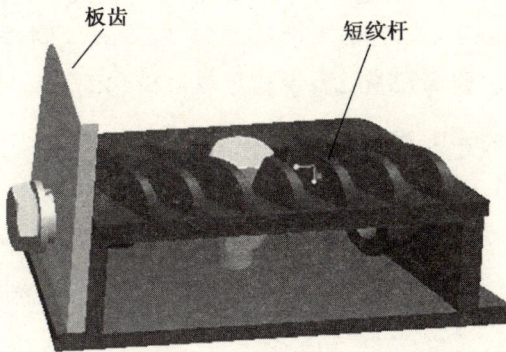

图 3-5　短纹杆 – 板齿

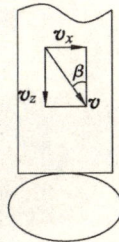

图 3-6　板齿与稻谷碰撞示意图

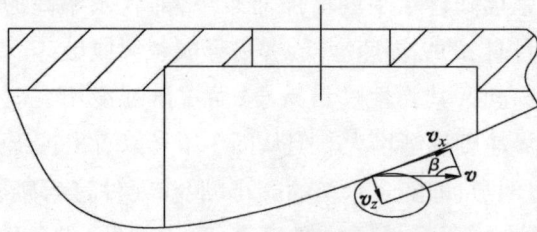

图3-7 稻谷与短纹杆碰撞示意图

短纹杆脱粒以搓擦为主、冲击脱粒为辅,其与稻谷碰撞入射角较大,碰撞过程中滑动始终存在,需要同时考虑法向力与切向力的影响。若碰撞前钉齿相对于稻谷的速度为 v,此时 $v_z = v\cos\beta = 0.3355v$,$v_x = v\sin\beta = 0.9421v$($\beta = 70.4°$)。由短纹杆的几何尺寸可知,稻谷与短纹杆碰撞接触处,最小曲率半径 $R_1'' = 10.0 \times 10^{-3}$ m,最大曲率半径 $R_1' = \infty$。同样,$m \approx m_2 = 3.1 \times 10^{-5}$ kg。短纹杆材料为65Mn,力学参数与钉齿相同,弹性模量 $E_1 = 2.06 \times 10^{11}$ Pa,泊松比 $\mu_1 = 0.28$。相对曲率比值 $(R'/R'')^{\frac{1}{2}} = 1.29$,查表可得出 $F_1(e) = F_2(e) = 1.0^{[98]}$。

由式(3-22)可获得稻谷与短纹杆碰撞的临界速度 v 与稻谷弹性模量和抗压强度的关系,如图3-8所示。

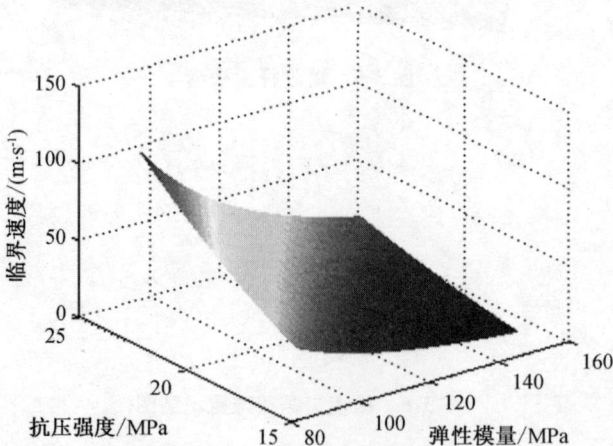

图3-8 短纹杆临界速度与稻谷弹性模量和抗压强度的关系图

从图3-8可看出,稻谷与短纹杆碰撞损伤的临界速度随着抗压强度的减小迅速降低;随着稻谷弹性模量的减小,临界速度逐渐增大。与图3-4中稻谷与钉齿碰撞损伤临界速度相比,稻谷与短纹杆碰撞损伤的临界速度值在同样弹性模量和抗压强度条件下要大一些,即短纹杆用于水稻脱粒时对稻谷的损伤较轻。

当稻谷与短纹杆碰撞时,其切向力作用在稻壳上。稻谷与脱粒元件摩擦系数 μ_p 与含水率有关[99]。当稻壳临界拉力为 10.8 N 时[28],由式(3-24)可获得稻谷与短纹杆碰撞损伤的临界速度 v 与稻谷弹性模量和摩擦系数的关系,如图 3-9 所示。

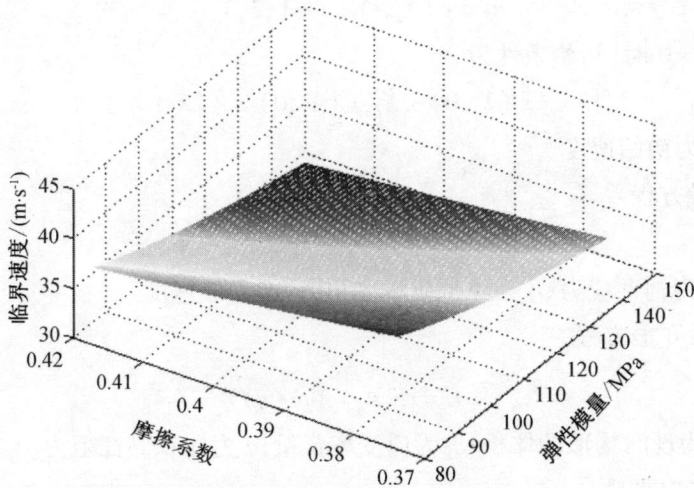

图 3-9　短纹杆临界速度与稻谷弹性模量和摩擦系数的关系图

从图 3-9 可以看出,切向力作用时,稻谷与短纹杆碰撞损伤的临界速度随摩擦系数、弹性模量的增大而减小;但在稻谷的弹性模量和摩擦系数的变化范围内,稻谷与短纹杆碰撞损伤(外部损伤)的临界速度为 30～45 m/s,且变化较平缓。水稻脱粒线速度一般为 20～30 m/s,因此短纹杆用于水稻收获时不易形成损伤。

3.3　脱粒元件与稻谷碰撞有限元分析的基础

3.3.1　稻谷与脱粒元件碰撞有限元模拟的理论基础

脱粒元件与稻谷碰撞接触问题的实质就是研究给定的接触体系从参考

时刻 $t=0$ 到某个给定时刻 $t>0$ 这个时间域内的响应。碰撞仿真计算实际上涉及一个含未知边界条件的偏微分方程的求解,主要受 3 大类方程的制约[100,101]:① 运动方程,包括质量守恒、动量守恒和能量守恒定律;② 边界条件,包括外界对接触系统的约束以及接触系统内部的相互关系与作用;③ 本构方程,包括材料变形特性,由材料的本质决定。

(1) 运动方程

若初始时刻质点 X_j 的坐标为 $x_i(i=1,2,3,\cdots)$,则该质点的运动方程为

$$x_i = x_i(X_j,t) \quad i=1,2,3,\cdots \tag{3-25}$$

在 $t=0$ 时,初始条件为

$$x_i(X_j,0) = X_j, \dot{x}_i(X_j,0) = v_i(X_j) \tag{3-26}$$

式中:v_i 为初始速度。

动量方程

$$\sigma_{ij,j} + \rho f_i = \rho \ddot{x}_i \tag{3-27}$$

式中:σ_{ij} 为柯西应力;f_i 为单位质量体积力;$\ddot{x}_i$ 为加速度。

能量守恒方程

$$\dot{E} = v S_{ij} \dot{\varepsilon}_{ij} - (p+q)\dot{V} \tag{3-28}$$

式中:V 为现时构形的体积;$\dot{\varepsilon}_{ij}$ 为应变率张量;q 为体积黏性阻力。

偏应力张量

$$S_{ij} = \sigma_{ij} + (p+q)\delta_{ij} \tag{3-29}$$

式中:δ_{ij} 为 Kronecker 系数。若 $i=j$,则 $\delta_{ij}=1$;否则 $\delta_{ij}=0$。

压力

$$p = -\frac{1}{3}\sigma_{kk} - q \tag{3-30}$$

(2) 边界条件

面力边界条件

$$\sigma_{ij}n_j = T_\tau(t) \tag{3-31}$$

式中:n_j 为结构面力边界 S^1 的外法线方向余弦;$T_\tau(t)$ 为面力载荷。

位移边界条件

$$x_i(X_j,t) = K_i(t) \tag{3-32}$$

式中:$K_i(t)$ 为位移边界 S^2 上给定的位移函数。

(3) 本构方程

LS-DYNA 基于动量守恒、能量平衡及质量守恒等基本定律建立场方程，引入面力边界条件、位移边界条件、滑动接触面间断条件后，采用伽辽金（Galerkin）法（即利用近似解的试探函数序列作为权函数）确定单元特性和建立有限元求解方程。

伽辽金弱平衡方程为

$$\int_V (\rho \ddot{x}_i - \sigma_{ij,j} - \rho f_i) \delta x_i \mathrm{d}v + \int_{S^0} (\sigma_{ij}^+ - \sigma_{ij}^-) n_j \delta x_i \mathrm{d}s + \int_{S^1} (\sigma_{ij} n_j - t_j) \delta x_i \mathrm{d}s = 0$$

(3-33)

式中：δx_i 为在 S^2 边界上满足位移边界条件。

应用散度定理

$$\int_V \sigma_{ij} \delta x_i n_j \mathrm{d}v = \int_{S^1} \sigma_{ij} n_j \delta x_i \mathrm{d}s + \int_{S^0} (\sigma_{ij}^+ - \sigma_{ij}^-) n_j \delta x_i \mathrm{d}s \qquad (3\text{-}34)$$

于是，上式可改写成虚功原理变分列式

$$\delta \pi = \int_V \rho \ddot{x}_i \delta x_i \mathrm{d}v + \int_V \sigma_{ij} \delta x_{i,j} \mathrm{d}v - \int_V \rho f_i \delta x_i \mathrm{d}v - \int_{S^1} t_i \delta x_i \mathrm{d}s = 0 \quad (3\text{-}35)$$

式中：$\delta \pi$ 为总能量；V 为空间物体的相对体积。

对伽辽金弱平衡方程进行单元离散化，单元内任意点的坐标用节点坐标插值表示为

$$x_i(\xi, \eta, \zeta, t) = \sum_{j=1}^{s} \phi_j(\xi, \eta, \zeta, t) x_i^j(t) \qquad (3\text{-}36)$$

式中：ξ, η, ζ 为自然坐标；x_i^j 为 t 时刻第 j 节点的坐标值；形状函数 $\phi_j(\xi, \eta, \zeta)$ 为

$$\phi_j(\xi, \eta, \zeta) = \frac{1}{8}(1 + \xi \xi_j)(1 + \eta \eta_j)(1 + \zeta \zeta_j) \quad (j = 1, 2, \cdots, 8) \quad (3\text{-}37)$$

式中：(ξ_j, η_j, ζ_j) 为单元第 j 节点的自然坐标。

形状函数的矩阵形式为

$$\delta \pi = \sum_{m=1}^{n} \delta \pi_m = \sum_{m=1}^{n} \delta x^{eT} \Big[\int_{VM} \rho \boldsymbol{N}^{\mathrm{T}} \boldsymbol{N} \mathrm{d}v x^e + \int_{VM} \boldsymbol{B}^{\mathrm{T}} \sigma \mathrm{d}v - \int_{VM} \rho \boldsymbol{N}^{\mathrm{T}} f \mathrm{d}v - \int_{S_m^1} \boldsymbol{N}^{\mathrm{T}} t \mathrm{d}s \Big] = 0$$

(3-38)

式中：n 为单元数；柯西应力变量 $\sigma^{\mathrm{T}} = (\sigma_x \ \sigma_y \ \sigma_z \ \sigma_{xy} \ \sigma_{yz} \ \sigma_{zx})$；应变位移矩阵 $\boldsymbol{B}$ 为

$$B = \begin{pmatrix} \partial/\partial x_1 & 0 & 0 \\ 0 & \partial/\partial x_2 & 0 \\ 0 & 0 & \partial/\partial x_3 \\ \partial/\partial x_2 & \partial/\partial x_1 & 0 \\ 0 & \partial/\partial x_3 & \partial/\partial x_2 \\ \partial/\partial x_3 & 0 & \partial/\partial x_1 \end{pmatrix} N; \tag{3-39}$$

体力矢量 $\boldsymbol{f}^{\mathrm{T}} = (f_1 \ f_2 \ f_3)$；面力矢量 $\boldsymbol{t}^{\mathrm{T}} = (t_1 \ t_2 \ t_3)$。

通过单元计算并组集，得到

$$\boldsymbol{M}\ddot{\boldsymbol{x}}(t) = \boldsymbol{P}(\boldsymbol{x}, t) - \boldsymbol{F}(\boldsymbol{x}, \dot{\boldsymbol{x}}) \tag{3-40}$$

式中：$\boldsymbol{M}$ 为总体质量矩阵；$\ddot{\boldsymbol{x}}(t)$ 为总体节点加速度矢量；$\boldsymbol{P}$ 为总体载荷矢量，由节点载荷、面力和体力等形成；$\boldsymbol{F}$ 为单元应力场等效节点矢量，即 $\boldsymbol{F} = \sum_{m=1}^{n} \int_{VM} \boldsymbol{B}^{\mathrm{T}} \boldsymbol{\sigma} \mathrm{d}v$。

采用显式动力分析时，为避免出现数值振荡，通常采用沙漏黏性阻尼控制零能模态，即在单元各节点处沿坐标轴方向引入与沙漏模态的模、单元的体积、材料的声速、当前质量密度等有关的沙漏黏性阻力，将各单元的沙漏黏性阻力集成为总体结构沙漏黏性阻力 $\boldsymbol{H}$ 后，式(3-40)改写为

$$\boldsymbol{M}\ddot{\boldsymbol{x}}(t) = \boldsymbol{P} - \boldsymbol{F} + \boldsymbol{H} - \boldsymbol{C}\dot{\boldsymbol{X}} \tag{3-41}$$

若已知 t_n 时刻的加速度为

$$\ddot{\boldsymbol{x}}(t_n) = \boldsymbol{M}^{-1}[\boldsymbol{P}(t_n) - \boldsymbol{F}(t_n) + \boldsymbol{H}(t_n) - \boldsymbol{C}\dot{\boldsymbol{x}}(t_{n-\frac{1}{2}})] \tag{3-42}$$

则采用中心差分时间积分法，t_{n+1} 时刻的速度和位移为

$$\dot{\boldsymbol{x}}(t_{n+1}) = \dot{\boldsymbol{x}}(t_{n-\frac{1}{2}}) + \frac{1}{2}(\Delta t_{n-1} + \Delta t_n)\ddot{\boldsymbol{x}}(t_n) \tag{3-43}$$

$$\boldsymbol{x}(t_{n+1}) = \boldsymbol{x}(t_n) + \Delta t_n \dot{\boldsymbol{x}}(t_{n+\frac{1}{2}}) \tag{3-44}$$

3.3.2 有限元模拟软件的选取

HyperMesh 是美国 Altair 公司针对 LS-DYNA、ABAQUS、ANSYS、NAS-TRAN 等主流有限元求解器开发的世界领先的有限元前后处理软件[102]，拥有交互化建模功能和广泛的 CAD 和 CAE 接口。HyperMesh 不仅可以通过单元大小控制网格的划分，还可调整单元密度及偏置量处理单元的过渡，避免

了求解过程中可能出现的过小时间步长,可以大大提高工作效率。应用 Hy-perMesh 对脱粒元件与稻谷碰撞有限元模拟的流程如图 3-10 所示。

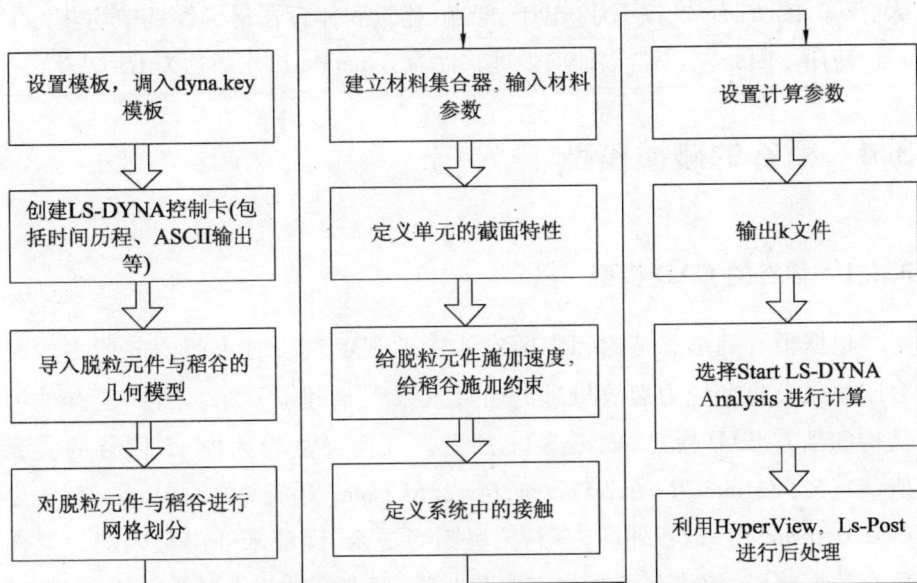

```
┌──────────────────┐   ┌──────────────────┐   ┌──────────────────┐
│ 设置模板,调入dyna.key │   │ 建立材料集合器,输入材料 │   │   设置计算参数      │
│ 模板              │   │ 参数              │   │                  │
└────────┬─────────┘   └────────┬─────────┘   └────────┬─────────┘
         │                      │                      │
┌────────▼─────────┐   ┌────────▼─────────┐   ┌────────▼─────────┐
│ 创建LS-DYNA控制卡(包 │   │ 定义单元的截面特性   │   │   输出k文件         │
│ 括时间历程、ASCII输出 │   │                  │   │                  │
│ 等)               │   │                  │   │                  │
└────────┬─────────┘   └────────┬─────────┘   └────────┬─────────┘
         │                      │                      │
┌────────▼─────────┐   ┌────────▼─────────┐   ┌────────▼─────────┐
│ 导入脱粒元件与稻谷的 │   │ 给脱粒元件施加速度,  │   │ 选择Start LS-DYNA  │
│ 几何模型           │   │ 给稻谷施加约束      │   │ Analysis 进行计算   │
└────────┬─────────┘   └────────┬─────────┘   └────────┬─────────┘
         │                      │                      │
┌────────▼─────────┐   ┌────────▼─────────┐   ┌────────▼─────────┐
│ 对脱粒元件与稻谷进行 │   │ 定义系统中的接触    │   │ 利用HyperView,Ls-Post │
│ 网格划分           │   │                  │   │ 进行后处理          │
└──────────────────┘   └──────────────────┘   └──────────────────┘
```

图 3-10　脱粒元件与稻谷碰撞有限元模拟流程

有限元问题求解有隐式和显式两种方法。隐式方法是指在求解的每个增量步里面均需要进行迭代求解。显式方法基于动力学方程,无需对刚度矩阵求逆,只需对质量矩阵求逆,而质量矩阵往往可以简化为对角阵,并且没有增量步内迭代收敛问题,可一直计算下去。隐式方法具有时间步长增量较大、每个荷载步都能控制收敛、避免误差累积、存在迭代不收敛的问题、计算量随计算规模增大而呈超线性增长的特点。相对于隐式方法,显式方法具有时间步长很小、误差累积、不存在迭代不收敛的问题、计算量随计算规模基本为线性增长的特点[103]。

LS-DYNA 是世界上最著名的通用显式动力分析程序,具有几何非线性(大位移、大转动和大应变)、材料非线性(140 多种材料动态模型)和接触非线性(50 多种)的分析功能,能够模拟真实世界的各种复杂问题,特别适合求解各种二维、三维非线性结构的高速碰撞、爆炸和金属成型等非线性动力冲击问题,同时可以求解传热、流体及流固耦合问题,在工程应用领域被广泛认可为最佳的分析软件包。LS-DYNA 以 Lagrange 算法为主,兼有 ALE 和 Euler 算法;

以显式求解为主,兼有隐式求解功能;以结构分析为主,兼有热分析、流体－结构耦合功能;以非线性动力分析为主,兼有静力分析功能。LS-DYNA 在航空航天、汽车、国防、石油、核工业、电子、船舶、建筑和体育器材等领域中均获得了广泛应用。因此,本书选取的前处理软件为 HyperMesh,求解器为 LS-DYNA。

3.4　稻谷的碰撞模型

3.4.1　稻谷的 CAD 模型

根据稻谷的形态结构和中国农业大学刘斌教授对水稻内部传热传质有限单元分析和应力裂纹机理的研究成果[104],建立一个具有 3 层椭球体结构的稻谷 CAD 模型,如图 3-11 所示。几何尺寸为武粳 15 稻谷的实测值($L = 5.983$ mm,$H = 3.541$ mm,$B = 2.512$ mm,稻壳厚 0.030 mm,籽实皮厚 0.050 mm)。稻谷外层为稻壳,里面为糙米,因糙米外层与内部力学性质有较大差别,故将其分为籽实皮和胚乳,两者在结构上融为一体,有限元分析时看作节点相连,而稻壳与糙米看作可相互移动(破壳)的有摩擦接触。将生成的模型通过国际上通用的 Iges 格式,导入到 HyperMesh 中建立有限元模型。

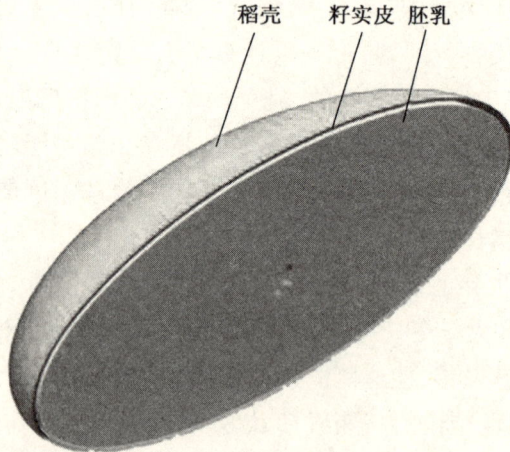

图 3-11　稻谷 3 层 CAD 模型

3.4.2　稻谷的有限元模型

（1）单元类型与材料属性的设定

① 稻壳单元类型的选择

稻壳为独立薄壳,取其单元为 Shell163。Shell163 是一个用于显式动力学分析 4 节点的薄壳单元,如图 3-12 所示。Shell163 单元具有弯曲和膜特征,可加平面和法向载荷,其在每个节点上有 12 个自由度:节点在 x,y,z 方向的位移、速度、加速度和绕 x,y,z 轴的转动。Shell163 单元共有 12 种算法供选择,默认算法为 Belytschko – Tsay 单点积分的壳单元算法。对于等厚度的壳,只需要定义第一个节点的厚度值。

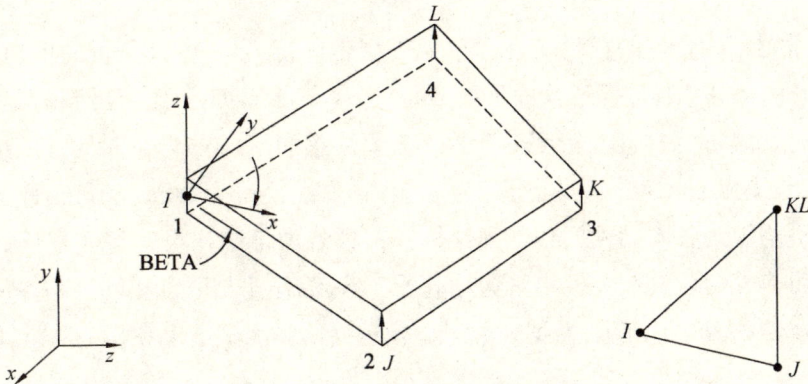

图 3-12　Shell163 单元几何特征

② 籽实皮、胚乳和脱粒元件单元类型的选择

籽实皮和胚乳在物理结构上是融为一体的,因此其单元均取为Solid164,如图 3-13 所示。之所以将糙米分为籽实皮和胚乳两部分,主要是为了更方便地设置其弹性模量、屈服强度等参数。实体单元 Solid164 用于三维显式结构的实体单元,由 8 个节点构成,每个节点具有 9 个自由度:在 x,y,z 方向的位移、速度和加速度。该单元默认为单点积分算法,也可以在单元属性设置对话框中设置为全积分单元算法,这样可以避免沙漏问题,但是计算时间将会增加数倍。同样将脱粒元件的单元类型设为 Solid164。

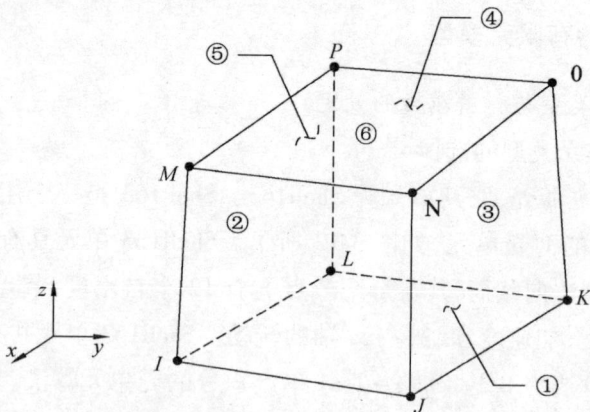

图 3-13　Solid164 实体单元几何特征

　　设置正确合理的材料属性和单元类型是进行 CAE 仿真分析的前提,在 HyperMesh 中可通过任意页面下的 collectors/creat/mats 创建、存储和管理材料的弹性模量、泊松比、密度等参数。需要注意的是,HyperMesh 的常用单位量纲:长度为 mm,时间为 s,质量为 t,应力、弹性模量为 MPa。稻壳、籽实皮和胚乳均视为各向同性的线性弹性体。由稻谷内部结构可知籽实皮比胚乳致密得多,取其密度、弹性模量为胚乳的 2 倍,泊松比与胚乳相同。稻谷相关材料属性如表 3-1 所示,数据来源于单轴压缩试验测试结果和相关文献[28]。

表 3-1　脱粒元件与稻谷材料属性

	弹性模量/MPa	泊松比	密度/(t/mm^3)
稻壳	769.2	0.39	0.645×10^{-9}
籽实皮	247.6	0.39	3.116×10^{-9}
胚乳	123.8	0.39	1.558×10^{-9}
脱粒元件(钉齿、纹杆、板齿)	2.06×10^5	0.28	7.850×10^{-9}

（2）网格划分

　　为了提高计算精度和得到正确的碰撞分析结果,网格密度分布也是重要的影响因素之一,对网格总体加密有时并不能完全解决问题。例如,受力大的部位网格粗糙,受力小的部位网格细密,将使本来受力小的部位反而先进入压塌失效状态,从而导致模拟结果失真。因此,在碰撞模拟分析时要对模型单元尺寸的疏密分布进行细致的安排。为了保证 CAE 模型的质量,在使用 HyperMesh 划分网格的过程中,尤其是在由二维网格生成三维网格之前,要随时使用 Tool/checkelems/2D 菜单来检查二维网格质量,对于检测到的形态不是很好的单元,可以先对其保存,然后通过 2D/quality index/optimiz 进行优化处理,或通过 edit elements 菜单中的工具进行手工局部调整。稻壳、籽实皮、胚乳的有限元网格划分如图 3-14 所示,其中稻壳由 2 044 个单元、4 084 个节点组成;籽实皮由 6 132 个单元、8 168 个节点组成;胚乳由 5 475 个单元、26 316 个节点组成。

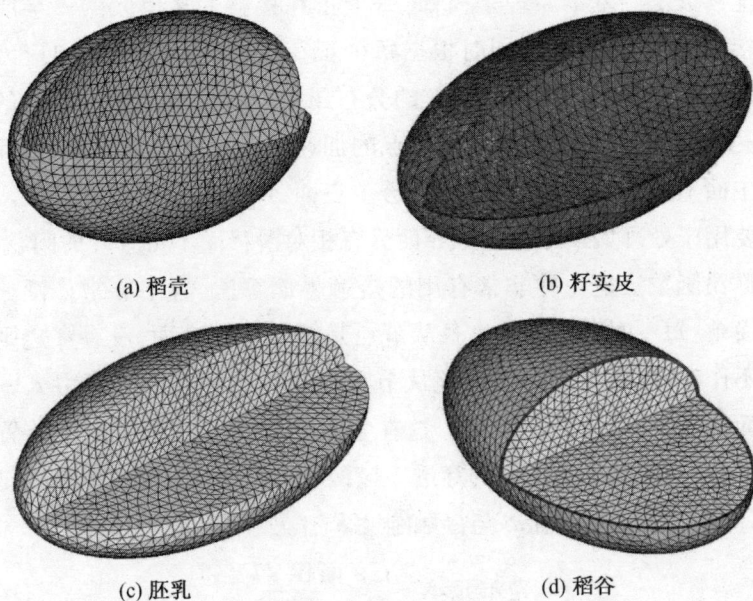

(a) 稻壳 (b) 籽实皮

(c) 胚乳 (d) 稻谷

图 3-14　稻谷有限元模型

（3）接触 – 碰撞设置

接触 – 碰撞问题属于非线性问题,当发生碰撞时,垂直于接触界面的速度是瞬时不连续的。处理不同结构界面的接触 – 碰撞和相对滑动是 LS-DYNA 非常重要和特有的功能。不同结构可能相互接触的两个表面分别称为主表面(其中单元表面称为主片,节点称为主节点)和从表面(其中单元表面称为从片,节点称为从节点),LS-DYNA 程序处理接触 – 碰撞界面主要采用动态约束法、分配参数法和对称罚函数法 3 种不同的算法[105]。

动态约束法采用碰撞和释放条件的节点约束法,由 Hughes 提出,其基本原理是:在每一时间步 Δt 修正构形之前,搜索所有未与主面接触的从节点,看是否在此 Δt 内穿透了主面。如果是,则缩小 Δt,使那些穿透主面的从节点都不贯穿主面,而使其正好到达主面。在计算下一 Δt 之前,对所有已经与主面接触的从节点都施加约束条件,以保持从节点与主面接触而不贯穿。此外还应检查那些和主面接触的从节点所属单元是否受到拉应力作用。如受到拉应力,则施加释放条件,使从节点脱离主面。由于该算法复杂,目前主要用于固连界面,主要用于将结构网格不协调的两部分联结起来。

分配参数法的基本原理是:将每一个正在接触的从单元的一半质量分配到被接触的主面面积上,同时根据每个正在接触的从单元的内应力确定作用在接受质量分配的主面面积上的分布压力。在完成质量和压力的分配后,修正主面的加速度。然后对从节点的加速度和速度施加约束,以保证从节点在主面上滑动,不允许从节点穿透主表面,从而避免了反弹现象。这种算法主要用于处理如爆炸等接触界面具有相对滑移而不可分开的问题。

对称罚函数法是一种非常有用的接触界面算法,应用非常广泛。其原理比较简单:每一时间步先检查各从节点是否穿透主表面,没有穿透则对该从节点不作处理,如果穿透则在该从节点与被穿透主表面之间引入一个较大的界面接触力,称为罚函数值。这在物理上相当于在两者之间放置一法向弹簧,以限制从节点对主面的穿透。该接触力等于接触刚度 K 和穿透量 δ 的乘积,两个物体的穿透量 δ 与接触刚度 K 有关:

$$\text{壳单元}: K = \frac{f_s \times \text{面积} \times k}{\text{最小对角线}}$$

$$\text{实体单元}: K = \frac{f_s \times \text{表面积}^2 \times k}{\text{体积}}$$

式中:f_s 为罚因子,默认值是 0.1;k 为接触单元的体积模量;"面积"指接触片的面积。在大多数情况下,程序缺省的接触刚度可以提供良好的计算结果,如果计算时发现有较大穿透量,可以改变罚因子 f_s 的大小,以提高接触刚度。实践经验表明,如果 f_s 超过 1.0,可能会引起计算的不稳定[106-109]。

为了分析方便,本书将脱粒元件设为固定,稻谷以一定的速度和入射角飞向脱粒元件,与之碰撞后分离。以脱粒元件表面为从面,稻谷表面为主面,接触类型为 AUTOMATIC_SURFACE_TO_SURFACE(考虑摩擦),取接触罚因子为 0.1,脱粒元件与稻谷的摩擦系数为 0.4。稻壳与糙米之间的接触类型为 AUTOMATIC_SURFACE_TO_SURFACE(考虑摩擦),取接触罚因子为 0.1,稻壳与糙米之间的摩擦系数也为 0.4。根据不同的碰撞速度设定时间步长、中止时间等控制参数以及定义相关的输出参数。

3.5　稻谷与脱粒元件碰撞的有限元模拟

3.5.1　稻谷与钉齿碰撞的有限元模拟

钉齿与稻谷以相对速度 20 m/s 沿 z 轴对心正碰如图 3-15 所示。碰撞过程中,稻谷内部中心剖面的 Z-stress 分布如图 3-16 所示,图中设置了放大倍数,以增强稻谷变形的显示效果。

图 3-15　稻谷与钉齿碰撞

从稻谷中心剖面中的 Z-stress 分布可以看出,在 $t = 54.98$ μs 碰撞开始时刻,钉齿与稻谷接触区受压应力(Z-stress 为负值),区域中心处应力最大,沿四周扩散并逐渐减小。非接触区受拉应力(Z-stress 为正值),随着时间的增加,受压应力区域逐渐增大,应力也同步增加,在 $t = 75.97$ μs 时达到最大压缩时刻,此时最大压应力为 55.78 MPa,稻谷表层最大拉应力为 14.83 MPa;此后将发生回弹,稻谷运动速度方向反向,压应力区域开始缩小,应力也逐渐减小,但没有随稻谷离开钉齿而马上消失,而是以应力波的形式在稻谷内部传输,在边界处发生反射,应力波在传播过程中逐步衰减至 0。

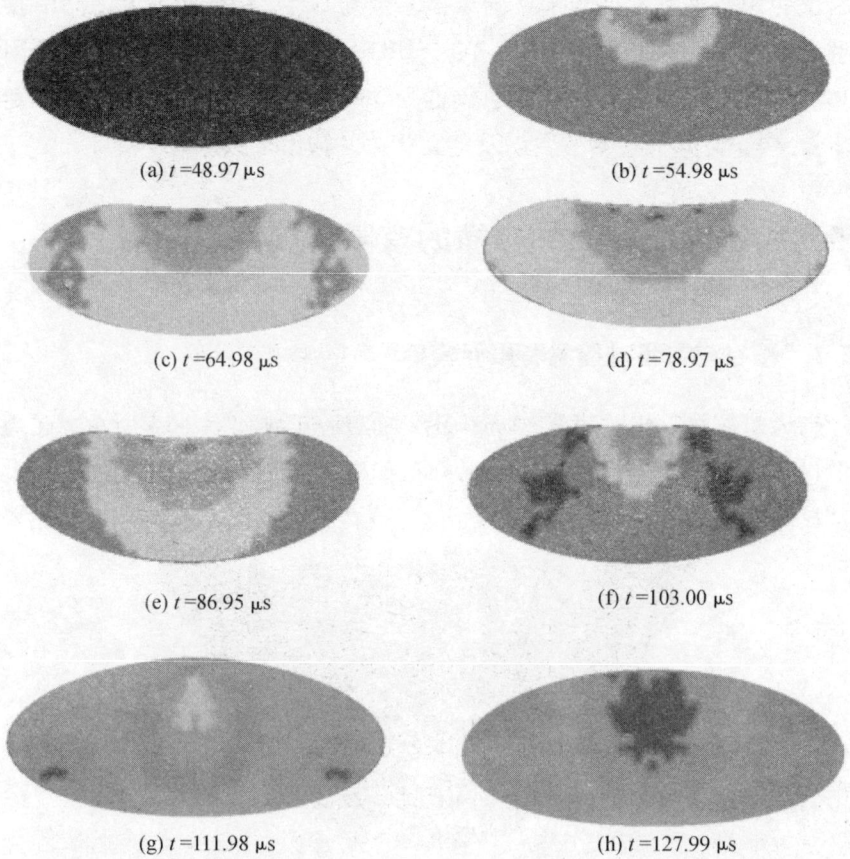

(a) t=48.97 μs

(b) t=54.98 μs

(c) t=64.98 μs

(d) t=78.97 μs

(e) t=86.95 μs

(f) t=103.00 μs

(g) t=111.98 μs

(h) t=127.99 μs

图 3-16 钉齿与稻谷以 20 m/s 速度碰撞不同时刻稻谷内部应力分布

稻壳厚度只有 0.03 mm,在正向压缩过程中一般不易形成破坏。实际脱粒时,稻谷的破壳损伤多是稻壳在拉应力作用下形成的。根据台湾大学欧阳又新教授的试验研究可知[28],稻壳的抗拉极限为 38.7 MPa,远大于钉齿与稻谷以 20 m/s 速度碰撞时稻壳受到的最大拉应力 14.83MPa。所以,此时主要考虑籽实皮和胚乳受压应力形成的内部损伤。最大压缩时刻,稻壳、籽实皮和胚乳的 Von Mises stress 分布如图 3-17 和图 3-18 所示。

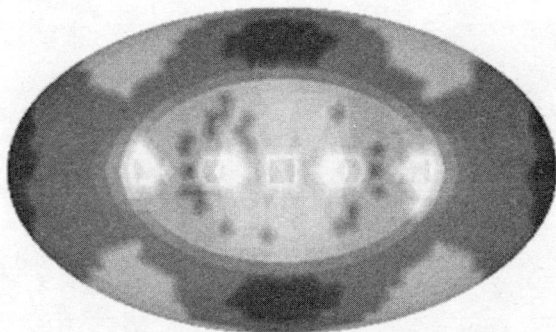

图 3-17　最大压缩时刻籽实皮 Mises 应力分布

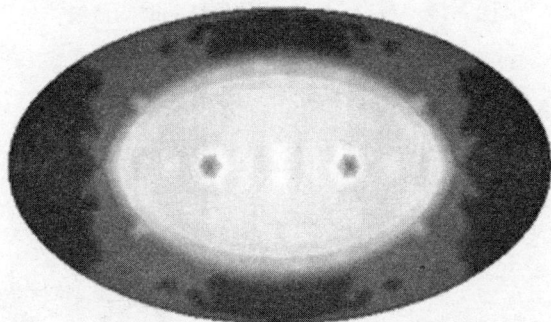

图 3-18 最大压缩时刻胚乳 Mises 应力分布

从图 3-17 和图 3-18 可以看出，接触区域为椭圆，应力最大值在接触区域中心，这与本章的理论分析一致。钉齿与稻谷以 20 m/s 速度碰撞，在最大压缩时刻籽实皮和胚乳的最大 Mises 应力分别为 27.507 9,26.971 2 MPa。由本章理论分析可知，糙米形成应力裂纹等内部损伤的临界条件是其 Mises 应力为单轴压缩时抗压强度的 1.6 倍，籽实皮的临界 Mises 应力取为胚乳的 2 倍，即 63.36 MPa。可以看出，钉齿与稻谷以 20 m/s 速度碰撞时，籽实皮和胚乳的应力均小于临界值，故稻谷没有形成内部损伤。

稻谷表面区域内节点 z 轴方向的位移和速度如图 3-19 和图 3-20 所示，其中节点 A,B,C 位于接触区内部，节点 D,E 位于接触区外部。

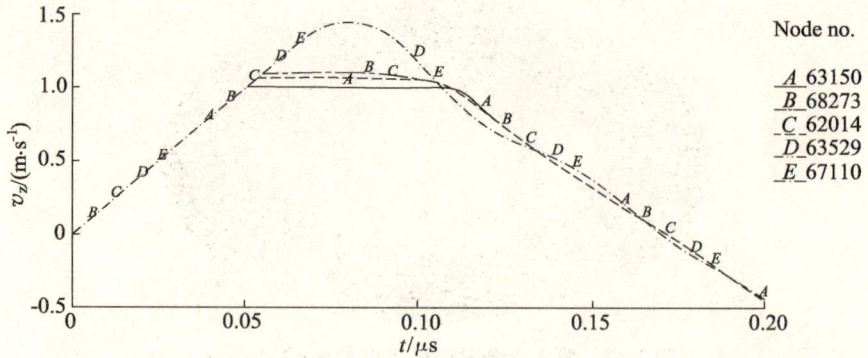

图 3-19 节点 z 轴方向的位移 – 时间曲线

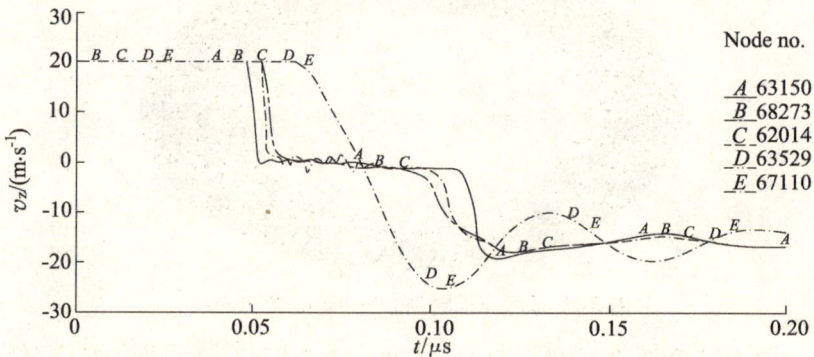

图 3-20 节点 z 轴方向的速度 – 时间曲线

从图 3-19 和图 3-20 可以看出,碰撞前稻谷所有节点均以 20 m/s 速度沿 z 轴方向匀速运动,其位移线性增大,在 0.05 ms 附近与脱粒元件碰撞,接触区域内部节点位移受脱粒元件阻碍保持不动,而速度迅速减小至 0;接触区外的节点的速度和位移在惯性作用下,变化要滞后。在 0.1 ms 时达到最大压缩时刻,接触区域内部节点速度开始反向,并迅速增加开始反弹,位移反向增加;接触区外节点的速度降到最大,开始震荡。整个碰撞时间大约 0.05 ms。

脱粒线速度在 20 ~ 30 m/s 时水稻具有较好的脱净率[93]。钉齿与稻谷以 22,24,26,28 m/s 速度碰撞时,最大压缩时刻籽实皮和胚乳的 Mises 应力分布如图 3-21 和图 3-22 所示。不同速度下的最大 Mises 应力曲线如图 3-23 所示。

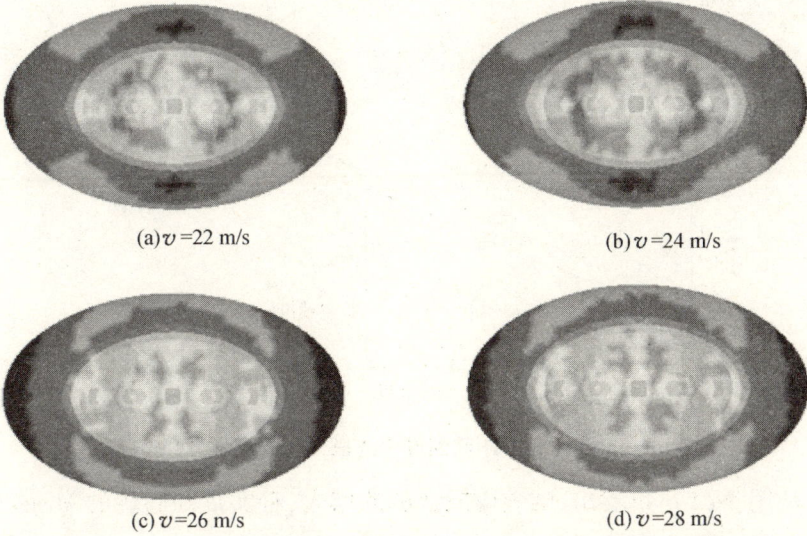

(a) v =22 m/s　　　　　　　　　　(b) v =24 m/s

(c) v =26 m/s　　　　　　　　　　(d) v =28 m/s

图 3-21　不同碰撞速度下最大压缩时刻籽实皮内部 Mises 应力分布

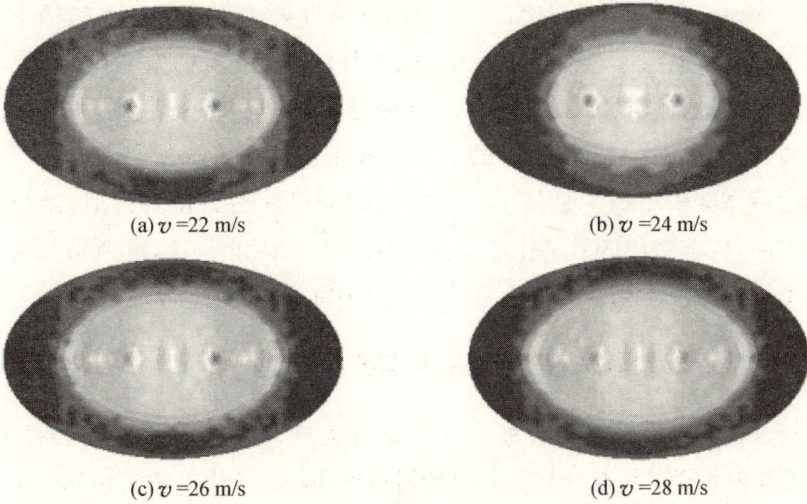

(a) v =22 m/s　　　　　　　　　　(b) v =24 m/s

(c) v =26 m/s　　　　　　　　　　(d) v =28 m/s

图 3-22　不同碰撞速度下最大压缩时刻胚乳内部 Mises 应力分布

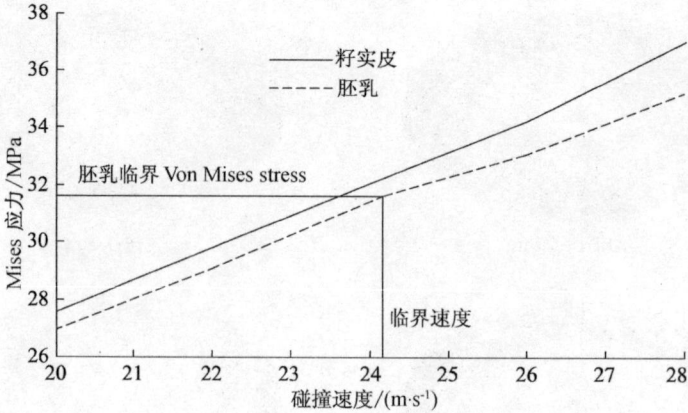

图 3-23 钉齿与稻谷不同速度下的最大 Mises 应力变化曲线

从图 3-23 可以看出,随着碰撞速度的增大,籽实皮和胚乳的 Mises 应力值也增加,分布规律基本相同。由碰撞速度与最大 Mises 应力值变化曲线可知,胚乳临界 Mises 应力 31.68 MPa 对应的碰撞速度约为24.2 m/s,而籽实皮临界 Mises 应力 63.36 MPa 对应的碰撞速度要大得多。糙米扫描电镜观察发现[87],水稻在自然生长过程中,微观裂纹(以下简称微裂纹)广泛存在于胚乳中,经过胚乳中心或近中心,且穿过淀粉细胞的细胞壁,在高倍显微镜下可以看到裂纹沿着淀粉粒的表面扩展未出现撕开淀粉颗粒的情况。与淀粉细胞在淀粉组织中是从中心部位向四周呈放射状排列类似,微裂纹无统一方向,大多数以胚乳为中心呈放射状分布。因此,可以推断稻谷与钉齿碰撞形成宏观应力裂纹是从胚乳中心或近中心扩展而成的。

3.5.2 稻谷与短纹杆碰撞的有限元模拟

短纹杆脱水稻时以搓擦为主、冲击脱粒为辅,碰撞过程中始终存在滑动,可以看作斜碰撞。短纹杆与稻谷以相对速度 20 m/s(法向速度 6.709 m/s、切向速度 18.841 m/s)碰撞如图 3-24 所示,碰撞过程中,稻谷内部中心剖面的 ZX-stress 分布如图 3-25 所示。

图 3-24 稻谷与短纹杆碰撞

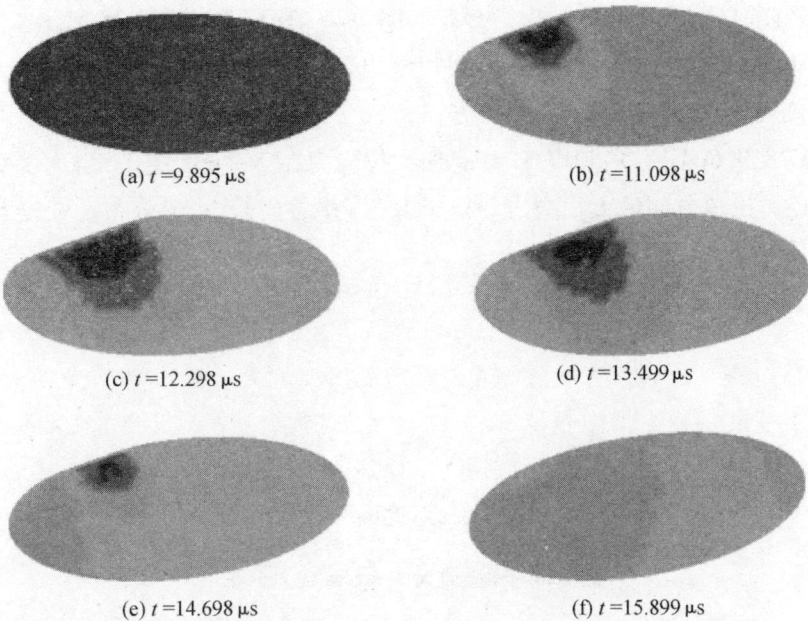

(a) t =9.895 μs

(b) t =11.098 μs

(c) t =12.298 μs

(d) t =13.499 μs

(e) t =14.698 μs

(f) t =15.899 μs

图 3-25 短纹杆与稻谷以 20 m/s 速度碰撞不同时刻稻谷内部应力分布

从图 3-25 可以看出,在 t =9.895 μs 碰撞开始后,短纹杆与稻谷接触区受压应力(ZX-stress 为负值),区域中心处应力值最大,沿四周扩散并逐渐减小。非接触区受拉应力(ZX-stress 为正值),随着时间的增加,受压应力区域向 x 轴逆向移动,中心区应力值在增加,接触区前方切平面内拉应力值也逐步增大,稻谷整体逆时针向下翻转,前端开始逐步远离短纹杆面;随着稻谷法向速度反向,稻谷发生回弹,压应力区域开始缩小,应力值也逐渐减小,翻转仍在增加;同样,稻谷离开短纹杆后($t=15.899\ \mu s$)内部应力没有立刻消失,而是以应力波的形式在稻谷内部传输,并逐步衰减至 0。

短纹杆与水稻以较大入射角碰撞时,在碰撞点处将相对碰撞速度分解成法向和切向两个速度。法向碰撞与钉齿或板齿和稻谷的正碰类似,但由于入射角较大,法向速度分量数值远小于钉齿或板齿与稻谷碰撞的相对速度。在脱粒线速度为 20~30 m/s 时,短纹杆对稻谷籽实皮和胚乳的最大压应力远小于临界 Mises 应力,基本不会形成内部损伤。短纹杆与水稻在碰撞点处的切向运动,使接触区外部稻壳受到拉应力作用,容易形成破壳损伤。因此,短纹杆与水稻斜碰撞时,主要考虑这一点。短纹杆与稻谷以 20 m/s 的速度碰撞时,稻壳不同方向应力分布如图 3-26、图 3-27 和图 3-28 所示。

从图 3-26、图 3-27 和图 3-28 可以看出,稻壳多处位置承受拉应力作用,最大拉应力位于接触区域的前方,x,y,z 三个方向的最大拉应力分别为 28.267 8,9.604 12,14.017 3 MPa,最大拉应力在 X-stress 图中,当速度变化时重点讨论该方向最大拉应力。拉应力在 y,z 方向较小,但分布区域较大。

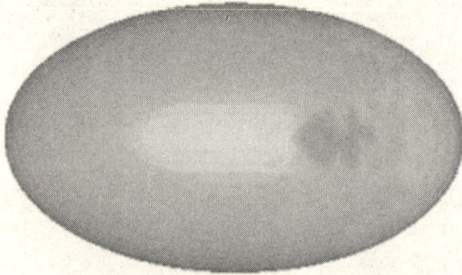

图 3-26　稻壳最大 X-stress 应力分布

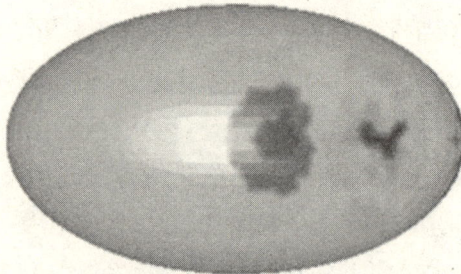

图 3-27　稻壳最大 Y-stress 应力分布

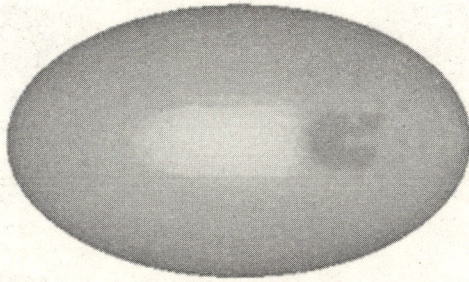

图 3-28　稻壳最大 Z-stress 应力分布

稻壳中单元 x 方向的应力时间曲线如图 3-29 所示,其中单元 A 在接触区域内部,单元 B,C 位于接触区两侧,单元 D,E 分别位于接触区前、后方。

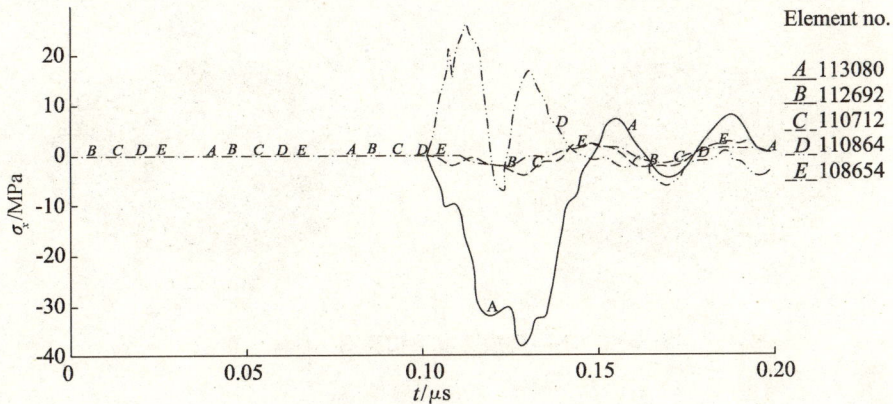

图 3-29　稻壳单元 X-stress 时间曲线

从图 3-29 可以看出,碰撞前稻壳各处单元 X-stress 应力值为 0,无内应力;在 0.1 ms 附近稻谷与短纹杆碰撞,接触区域内部单元 A 在压应力作用下迅速增大,随着稻壳翻转,接触区域移动,单元 A 压应力值减小,进而受到拉应力作用;接触区前方单元 D 受拉应力作用最明显,碰撞过程中该单元拉应力值波动较大;单元 B,C,E 在碰撞过程中受拉、压应力交互作用,但量值较小。

短纹杆与稻谷分别以 22,24,26,28,30,32 m/s 的速度碰撞,稻壳承受最大拉应力时,X-stress 分布如图 3-30 所示,碰撞速度与最大拉应力关系曲线如图 3-31 所示。

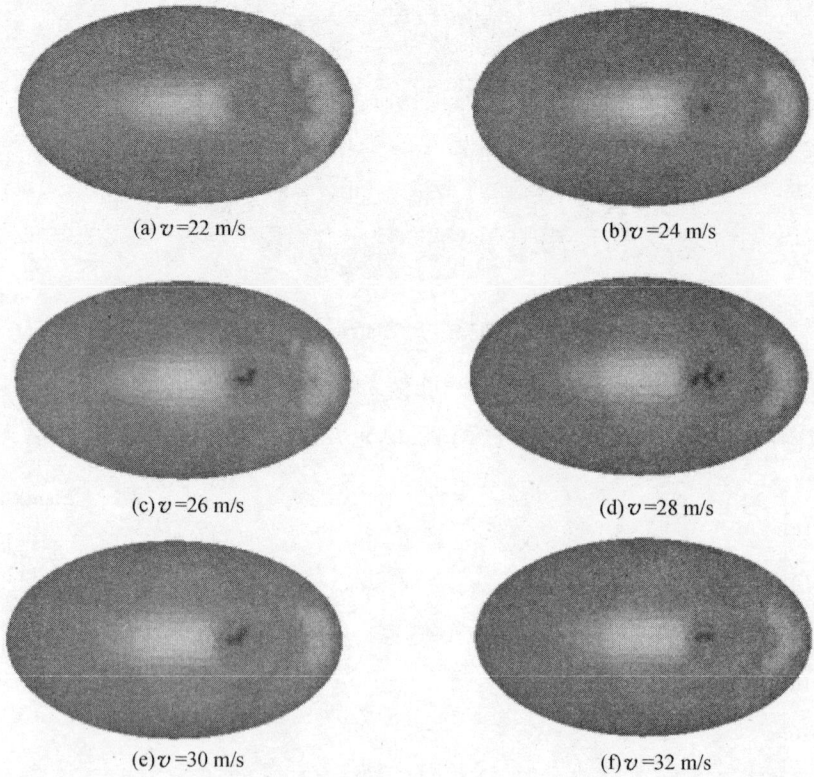

(a) v=22 m/s   (b) v=24 m/s

(c) v=26 m/s   (d) v=28 m/s

(e) v=30 m/s   (f) v=32 m/s

图 3-30   不同碰撞速度下稻壳 X-stress 分布

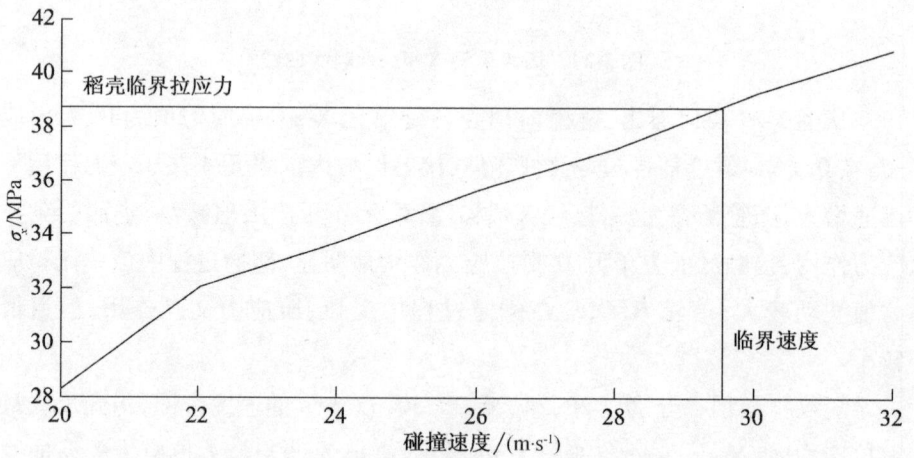

图 3-31   短纹杆与稻谷不同碰撞速度下稻壳的最大拉应力变化曲线

从图 3-30 和图 3-31 可以看出,随着碰撞速度的增大,稻壳 X-stress 应力值近似呈线性增加,稻壳的临界拉应力为 38.7 MPa[28],其对应的碰撞速度约 29.5 m/s,大于稻谷与钉齿碰撞损伤临界速度 24.2 m/s,即速度为24.2～29.5 m/s 时,钉齿更容易形成对稻谷的损伤。但实际上稻壳组织结构分布并不均匀,力学性质与方向有关,当稻壳的临界拉应力值减小时,其对应的损伤临界速度也会减小,稻壳有可能在拉应力作用下断裂,形成破壳损伤。

第4章　稻谷损伤的量化与检测方法

目前我国仍然采用破碎率作为评价脱粒装置性能的主要指标之一,统计时没有将稻谷不同损伤程度区别对待,也没有考虑未破壳稻谷的内部裂纹,因此用破碎率作为评价脱粒装置对稻谷损伤程度的指标不够全面。而稻谷损伤的定量评价是研究脱粒装置对水稻脱粒损伤程度非常重要又亟待解决的关键问题,也是研发低损伤脱粒装置的必要条件。

4.1　稻谷损伤的类型

在工程材料中,从损伤的原因和结果来看,损伤是指材料在载荷、温度和环境等作用或冷热加工、冶炼工艺过程作用下,能够使材料的微细结构发生变化,引起微缺陷成胚、孕育、扩展和汇合,导致材料宏观力学性能的劣化,最终形成宏观开裂或材料破坏;从物理学细观的观点看,损伤是材料晶粒的位错、滑移、微孔洞、微裂纹等缺陷形成和发展的结果;从连续介质力学宏观的观点来看,损伤又可认为是材料内部微细结构状态的一种不可逆的、耗能的演变过程[110]。

参照工程材料中损伤的定义,结合水稻脱粒过程的实际情况,定义水稻谷粒脱粒损伤为水稻脱粒过程中,稻谷因受脱粒元件的碰撞、搓擦及脱粒元件与凹板的挤压等外力作用,使谷粒宏观或微细结构发生变化,形成外表破损、谷粒内部裂纹,甚至形成谷粒断裂、破碎等生物组织结构的破坏。稻谷的脱粒损伤主要有外部损伤和内部损伤。外部损伤包括破碎和破壳,破碎是稻谷损伤最严重的形式。内部损伤主要为糙米中的应力裂纹。

台湾大学欧阳又新[27]教授对稻壳结构强度方向性、破坏应力及断裂特性等进行了研究,发现谷壳的纵向许用应力比横向许用应力大,也就是说,稻壳在横向拉力作用下更容易破裂,其原因是稻谷细胞层之间存在互锁形成的"S"形折皱——S 形搭接。有限元分析表明,位于稻壳纵向凸缘处 S 形搭接处的应力集中因子约为 4 ~ 7,是稻壳上最容易开裂的薄弱之处。稻谷破碎、破壳等外部损伤情况如图 4-1 所示。

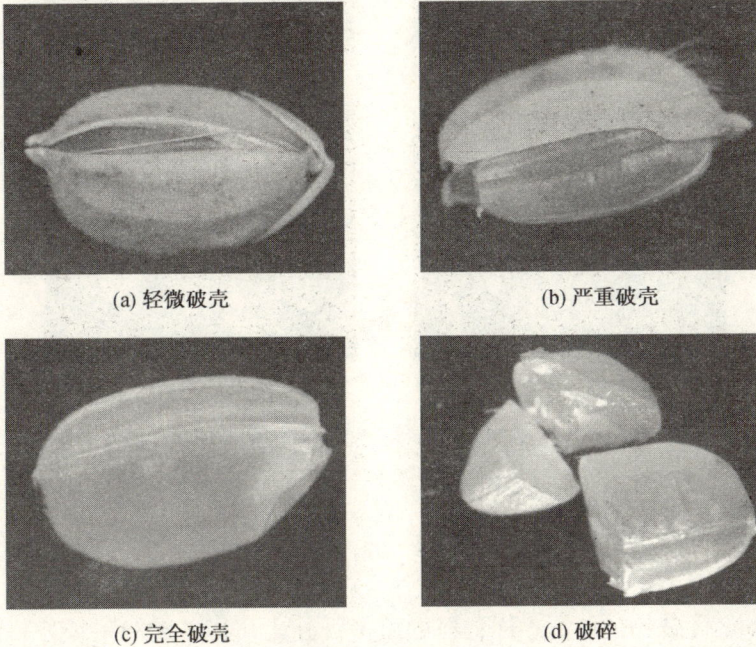

(a) 轻微破壳　　　　　　　　　　　(b) 严重破壳

(c) 完全破壳　　　　　　　　　　　(d) 破碎

图 4-1　稻谷外部损伤类型

根据应力裂纹数量的不同,稻谷内部损伤程度又可分为单条裂纹、2 条裂纹、3 条裂纹、多条裂纹等,如图 4-2 所示。

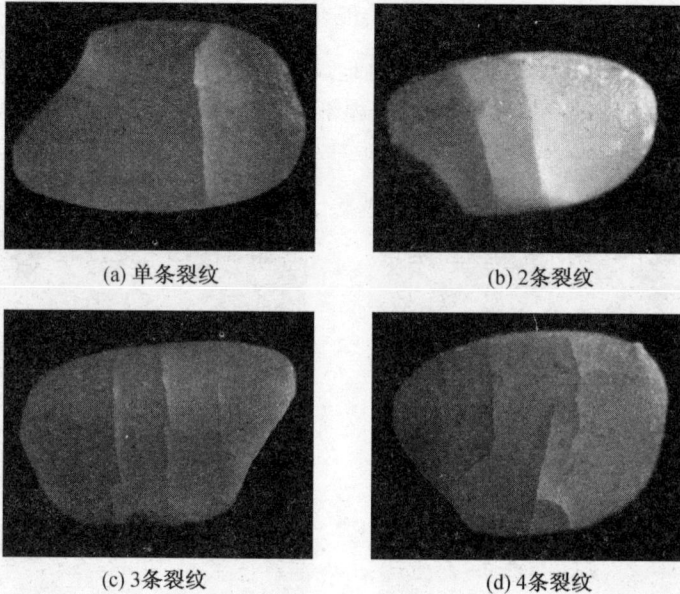

(a) 单条裂纹   (b) 2条裂纹

(c) 3条裂纹   (d) 4条裂纹

图 4-2 稻谷内部损伤类型

4.2 稻谷损伤的量化方法

破碎率(破碎籽粒占小样籽粒的质量百分比,GB/T 5982—2005)作为评价脱粒装置性能的主要指标,存在以下两个方面的问题:

① 破碎率将具有不同程度损伤的稻谷同等看待,如两个脱粒装置脱下来的稻谷相同质量小样中破碎籽粒质量相同,即破碎率相同,实际上稻谷破壳程度、糙米内部的应力裂纹数量以及破壳稻谷与裂纹稻谷的比例等均不相同,显然在这种情况下,谷粒的损伤程度不同,破碎率却反映不出来。

② 稻谷产生损伤的原因是多方面的,如稻谷成熟期前后的自然干燥、吸湿、雨淋等生长条件以及收获中搅龙、链耙等输送装置的推运都会形成损伤。研究脱粒过程中碰撞、搓擦、挤压等脱粒损伤时,应排除与脱粒作用无直接关系的前几种原因造成的稻谷损伤的影响,而破碎率无法准确反映稻谷损伤程度的变化。

稻谷损伤的评价指标不仅要能定量描述单个稻谷的不同类型的损伤程

度,还要能反映统计意义上的某样本中稻谷总体的损伤程度。因此,稻谷损伤程度的定量表达应该遵循以下原则:① 考虑到外部损伤直接影响稻谷的储藏等后续过程,认为其损伤程度比内部损伤严重,破碎(断裂)为外部损伤最严重的形式;② 外部损伤中稻谷破壳的面积越大,稻谷吸收的能量越多,损伤程度越高;③ 内部损伤中裂纹越长、裂纹数量越多,新生的断裂面积就越大,根据破碎理论中的里延格法则[110],稻米破碎的可能性越大,损伤程度越高。

用外部损伤指数 D_{out} 定量评价单粒稻谷的外部损伤程度,按照归一化处理的原则,将 D_{out} 定义为

$$D_{out} = \begin{cases} \dfrac{1}{3}\left(1 + \dfrac{S_C}{S}\right) & \text{破壳} \\ 1 & \text{破碎} \end{cases} \tag{4-1}$$

式中:S_C 为稻谷破壳投影面积,mm^2;S 为稻谷投影面积,mm^2。

稻谷破碎时,$D_{out} = 1$,损伤程度最严重。

同样,用内部损伤指数 D_{in} 定量评价单粒稻谷的内部损伤程度,将 D_{in} 定义为

$$D_{in} = \begin{cases} \dfrac{1}{15}\sum_{i=1}^{n} \dfrac{l_i}{L_i} & (n \leqslant 3) \\ \dfrac{1}{3} & (n > 3) \end{cases} \tag{4-2}$$

式中:l_i 为糙米的裂纹投影长度,mm;L_i 为糙米裂纹断面投影长度,mm;n 为糙米裂纹数量。

定义 $D_{in} = 0$ 表示稻谷没有任何内部损伤。

用标准损伤指数 D_s,即百粒稻谷中有损伤稻谷的外部损伤指数或内部损伤指数之和,来评价稻谷总体的损伤程度,则

$$D_s = \sum_{j=1}^{100} \max\{D_{out}, D_{in}\} \tag{4-3}$$

用标准损伤指数增量 ΔD_s,即稻谷脱粒前、后的标准损伤指数之差,来评价脱粒装置对稻谷的损伤程度,则

$$\Delta D_s = D_{s2} - D_{s1} \tag{4-4}$$

式中:D_{s1} 为脱粒前稻谷标准损伤指数;D_{s2} 为脱粒后稻谷标准损伤指数。

4.3　稻谷损伤检测硬件系统

　　按照上述量化方法对稻谷损伤定量评价时必须能准确测得其破壳损伤面积、裂纹长度等参数。稻谷破壳肉眼容易辨别，而观察稻谷内部裂纹却很困难。第1章谷物损伤检测方法研究现状分析表明，计算机视觉和图像处理技术的非接触测量方法是稻谷损伤检测行之有效的途径之一。早在1997年，美国卡内基梅隆大学的P. Gunatilake等[111]就采用计算机视觉检测系统研究飞机表面裂纹和腐蚀状况。日本早稻田大学的Ito Atsushi等[112]率先采用高分辨率摄像机和集成图像处理技术，对钢筋混凝土表面裂纹进行检测，获得了裂纹的位移特征，达到亚像素精度。此外，计算机识别技术在玉米籽粒裂纹的识别[75]、谷物粒型轮廓提取与破损谷物的检测[76,77]以及大米留胚率的自动检测[81-85]等方面都取得了较好的效果。随着图像采集硬件设备的飞速发展，图像识别的精度有了大幅提升，与此同时，与神经网络、小波分析、遗传算法、模板匹配、非线性降维等一些前沿的数学理论相结合的高级图像处理技术在农产品的缺陷检测、医学图像分析、机械加工在线监测、车牌自动识别、人脸识别、指纹识别等[113-116]方面已得到了广泛应用。这些研究为采用计算机视觉检测稻谷外部破壳和内部裂纹奠定了基础，积累了丰富的经验，也证明了该方法的可行性和优越性。

4.3.1　稻谷损伤检测硬件系统的总体结构

　　稻谷损伤检测硬件系统主要包括体视显微镜、彩色摄像头、分叉式冷光源、移动载物台、控制器和计算机（图像采集卡）等，如图4-3所示。体视显微镜和彩色摄像头主要用于损伤稻谷的高清晰图像的获取，计算机用作图像的采集、存储与分析，各部分详细配置如表4-1所示。

体视显微镜　彩色摄像头　移动载物台　分叉式冷光源　　控制器　显示器　主机(采集卡)

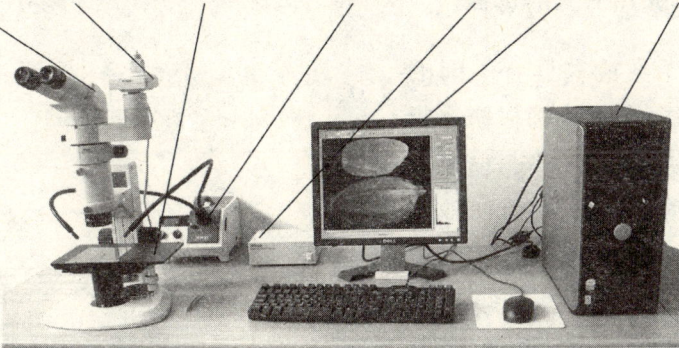

图 4-3　稻谷损伤检测系统

表 4-1　稻谷损伤检测系统配置表

部件	名称
显微镜部分	MAIN BODY(主机)：SMZ1000 Zooming Body(变倍主体) EYEPIECE LENS(目镜)：C-W10XA Eyepiece 10X (F. N. 22)(目镜)with Diopter Adjuster、Rubber Eye – Shields、Reticle Lead
	EYEPIECE TUBE(目镜筒)：P-BT Binocular Eyepiece Tube(双目筒)和 ED PLAN/PLAN APO series for SMZ1000(SMZ1000 低色散平场/平场复消色差物镜) SM – S4L 4x4 Stage L (left handle)(载物台(左手柄))
	SCHOTT 1500 LCD 分叉式冷光源(220V)(德国)包含：光源主机,光导纤维,色温片
	辅助配件：P-IBSS2 Beam Splitter S2(分光器)、C-PS Plain Focusing Stand(平底座)、黑白平板、Stage Micrometer Type A (1 mm/100 Div.)(物台测微尺)等
Nikon DS – 5M – U1 高级数码彩色图像成像系统	NIKON DIGITAL CAMERA SYSTEM DS – 5M – U1(220 – 240V)(彩色摄像系统)包括 Digital Camera Head DS – 5M(彩色摄像头)、Camera Control Unit DS – U1(控制部件)和 C – mount 0.7X DXM1200 Relay Lens(延迟镜)等
软件	EclipseNet Software(version 1.2)显微镜控制聚焦、扫描台、图像捕获等系统
DELL 电脑	P4660 3.6G/1G DDR2 SDRAM/120G/PCI – Express 图形卡 256M/17"

4.3.2　光照方式的选择

稻壳与糙米具有不同的纹理结构,稻谷外部损伤比较容易判别,利用稻壳与糙米对光线反射的不同,可方便地获得稻谷的清晰图像。选用黑色背景,可减少对光线的反射,方便目标物和背景的识别。

要获取稻谷内部裂纹图像,需先将稻壳去除,获得糙米。预备性试验表明,采用光

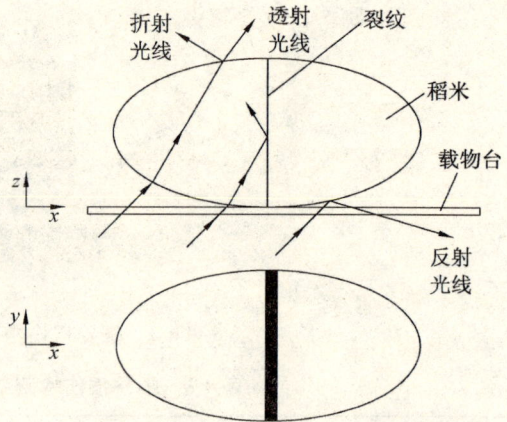

图 4-4　理想裂纹稻米光学模型

源从上方直接照射糙米,采集到的糙米反射图像几乎观察不出裂纹。为了获取糙米内裂纹的高质量图像,现对糙米的光学特性进行初步分析:假设稻米是半透明椭球实体,内有一裂纹面与 yz 平面平行(见图 4-4)。照射到稻米上的光线,作用后主要分为 3 种:反射光线、折射光线(部分被吸收或散射)和透射光线。当光源从稻米左下方照射时,从上方显微镜里可观测稻米的正面,发现在裂纹处的右侧有一条沿裂纹方向且亮度较无裂纹处暗的区域。这是因为从左下方透射到稻米内部的光线在裂纹面上有较强烈的反射,裂纹面右侧的光强明显减弱,因此裂纹面两侧的光强会有明显的反差[117]。

进一步试验表明,裂纹方向与光线近似垂直时,最容易观测到裂纹。因此,为减少稻米的摆放位置对裂纹图像的影响,光源光照面积不能太大。根据现有设备条件,选用 150 W 卤素灯作为发光光源,用光纤传输后照射糙米,光源的入射角为 $25° \sim 40°$。

4.4　稻谷损伤检测软件系统

稻谷损伤检测软件系统是基于 Matlab R2008a 的损伤图像处理软件,主

要包括以下 4 个模块。

（1）图像获取模块

完成损伤稻谷高清晰图像的计算机采集与存储。

（2）图像预处理模块

包括背景去除、图像增强和平滑去噪等，使得图像动态范围加大、对比度扩大，图像清晰，特征明显，有利于图像的分析和识别。

（3）边缘检测与特征参数提取模块

边缘检测是整个检测算法的关键，其处理效果将决定整个检测算法的精度。准确的边缘检测结果对于破壳面积及裂纹长度和条数等损伤特征参数的提取至关重要。

（4）评价指标的计算模块

根据所得到的破壳面积及裂纹长度、条数等损伤特征参数，按照损伤量化方法计算损伤指数增量，获得稻谷损伤程度的定量评价指标。

检测前，将损伤稻谷置于移动载物台上（如是内部损伤需除壳），调整载物台的前后、左右移动手柄、光源的亮度与照射方式和显微镜的焦距，直到计算机屏幕上出现清晰的损伤稻谷显微图像。此时用 0.01 mm 精度的物台测微尺对图像进行标定（见图 2-8），确定像素点与实际长度之间的对应关系。然后用图像采集软件 Eclipse Net 获取损伤稻谷的显微图像，进行单粒稻谷损伤检测（算法流程如图 4-5 所示），在对图像进行增强、去噪等预处理后，提取稻谷及损伤的边缘，获得损伤面积、裂纹长度等损伤特征信息，按照稻谷的损伤量化公式，计算单粒稻谷的损伤指数。对 100 粒样本重复上述操作，最终可得本次试验条件下，脱粒装置的标准损伤指数。

```
                          ┌──────┐
                          │ 开始 │
                          └──────┘
                              │
   外部损伤        ╱────────────────────╲        内部损伤
  ◄──────────────◄  外部损伤，内部损伤  ►──────────────►
                    ╲────────────────────╱
                              │
 破   ╱──────────────╲   破
 碎  ◄  破壳，破碎   ►  壳
 ◄──╲──────────────╱──►
 │                              │
 │         ┌──────────────────────────────┐
 │         │   损伤稻谷显微图像的获取      │
 │         └──────────────────────────────┘
 │                        │
 │         ┌──────────────────────────────┐
 │         │ 背景去除、图像增强和去噪等预处理 │
 │         └──────────────────────────────┘
 │                        │
 │         ┌──────────────────────────────┐
 │         │          边缘检测            │
 │         └──────────────────────────────┘
 │                        │
 │         ┌──────────────────────────────┐
 │         │     损伤特征提取与测量        │
 │         └──────────────────────────────┘
 │                        │
 └─────────►┌──────────────────────────────┐
            │   计算外部、内部损伤指数      │
            └──────────────────────────────┘
                          │
                      ┌──────┐
                      │ 结束 │
                      └──────┘
```

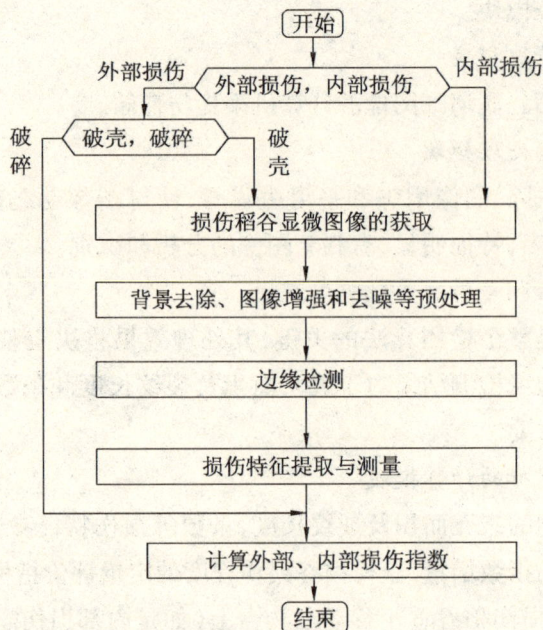

图 4-5　单粒稻谷损伤检测算法流程

4.4.1　图像预处理

　　图像分为前景与背景两部分。前景为感兴趣的区域,在研究中为有损伤的稻谷图像,出现在视野中的背景为样本下面的黑色平板。本研究中需要对采集的样本图像进行背景去除、图像增强和噪声消除等预处理。预处理的要求不仅是目标图像完整保留,而且还要降低噪声以提高图像质量,为后续处理节省时间。

　　(1) 背景去除

　　为了便于计算机处理,首先将损伤稻谷的彩色图像转换为灰度图像,典型外部损伤稻谷和内部损伤糙米的灰度图像如图 4-6 所示。从图像样本灰度直方图中可看出有明显隔离的双峰和峰谷存在,其中低灰度值为背景区域,高灰度值是稻谷或糙米的像素值分布。据此可以设定分割阈值,将低灰度的背景像素去除,保留高灰度的目标图像像素。

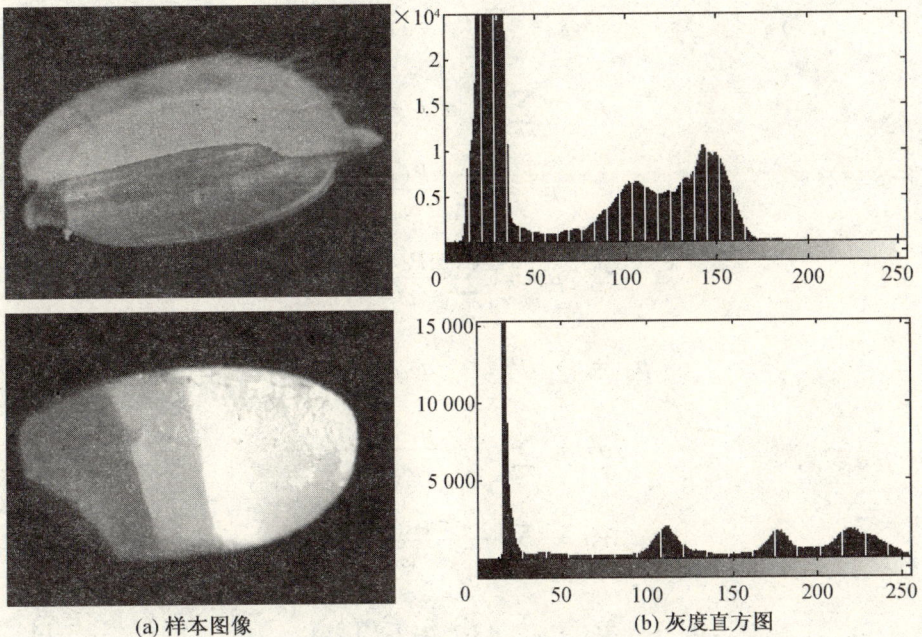

(a) 样本图像　　　　　　　　　　　　　(b) 灰度直方图

图 4-6　稻谷典型损伤的显微图像及其灰度直方图

　　阈值分割去除背景时的关键因素是阈值的选取,阈值选取恰当,背景就去除得干净,目标图像就保留得完整。阈值的选取可以采用固定阈值法或动态阈值法。固定阈值法需要对图像特征有全面的了解才能选择合适的阈值;动态阈值法是利用图像本身的特征,通过一定的算法计算一个阈值,执行过程中不需要人为干预。常用的动态阈值法为最大方差自动取阈值法。

　　最大方差自动取阈值法(OSTU)是日本学者 1979 年提出的一种全局阈值选取法[118]。如果一幅图像由目标区域和背景区域构成,那么相同区域有相似的灰度值分布,不同区域有不同的灰度值分布。直方图统计图像的灰度值为 1 ~ L 级,在 1 ~ L 间选择阈值 K,将图像分为目标 $C_0(1,K)$ 与背景 $C_1(K,L)$ 两类。如果两类的类间方差 σ_B 最大,则所求出的 K 为最佳阈值。最大方差自动取阈值法的计算公式为

$$N = \sum_{i=1}^{L} n_i \qquad (4-5)$$

$$P_i = \frac{n_i}{N} \qquad (4-6)$$

$$\omega_0 = \sum_{i=1}^{K} P_i = \omega(K) \tag{4-7}$$

$$\omega_1 = \sum_{i=K+1}^{L} P_i = 1 - \omega(K) \tag{4-8}$$

$$\mu_0 = \sum_{i=1}^{K} \frac{iP(i)}{\omega_0} \tag{4-9}$$

$$\mu_1 = \sum_{i=K+1}^{L} \frac{iP(i)}{\omega_1} \tag{4-10}$$

$$\mu_T = \sum_{i=1}^{L} iP(i) = \omega_0\mu_0 + \omega_1\mu_1 \tag{4-11}$$

$$\sigma_0 = \sum_{i=1}^{K} \frac{(i-\mu_0)^2 P(i)}{\omega_0} \tag{4-12}$$

$$\sigma_1 = \sum_{i=K+1}^{L} \frac{(i-\mu_1)^2 P(i)}{\omega_1} \tag{4-13}$$

$$\sigma_T = \sum_{i=1}^{L} (i-\mu_T)^2 P(i) \tag{4-14}$$

$$\sigma_B = \omega_0(\mu_0-\mu_T)^2 + \omega_1(\mu_1-\mu_T)^2 \tag{4-15}$$

$$\sigma_W = \omega_0\sigma_0 + \omega_1\sigma_T \tag{4-16}$$

$$\eta = \max \frac{\sigma_B}{\sigma_W} \tag{4-17}$$

式(4-5)至式(4-17)中:n_i 为灰度值的像素数;N 为图像总像素数;P_i 为灰度值的概率;ω_0,ω_1 分别为目标、背景的概率;μ_0,μ_1,μ_T 分别为目标、背景、图像的灰度平均值;σ_0,σ_1,σ_T 分别为目标、背景、图像的方差;σ_B,σ_W 分别为类间、类内方差;η 为阈值选择函数。

根据运算得到阈值 η,对灰度图像按公式(4-18)进行分割,转化为二值图像。

$$x_{ij}^p = \begin{cases} 255 & x_{ij} \geq \eta \\ 0 & x_{ij} < \eta \end{cases} \tag{4-18}$$

式中:x_{ij}^p 为去除背景后的像素值;x_{ij} 为去除背景前的像素值。图像经过 OSTU 运算后,背景区域就标识为纯黑色区域。OSTU 算法去除背景的效果如图4-7所示。

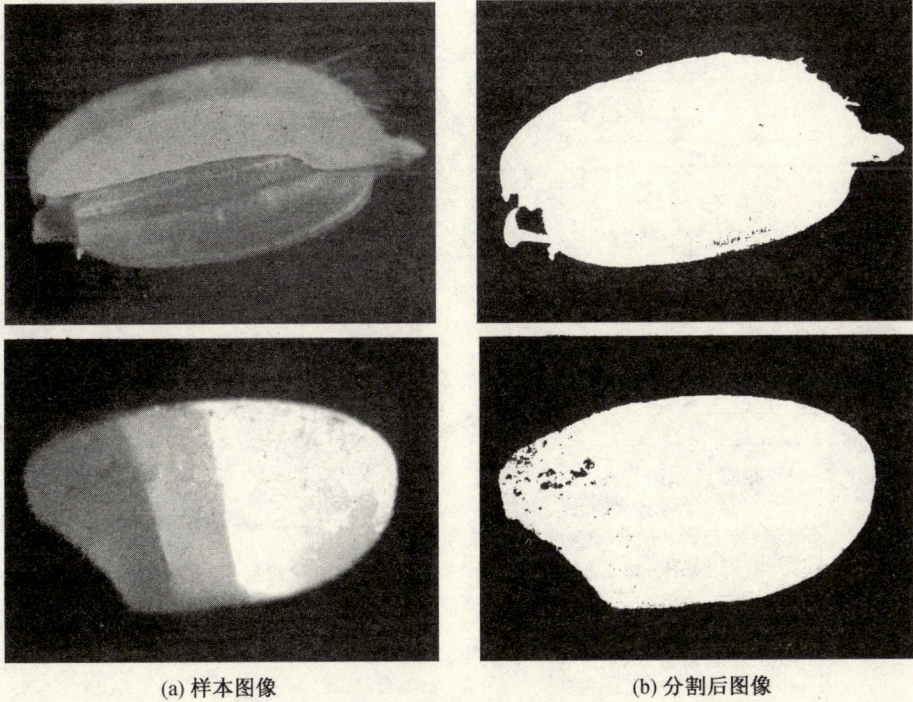

<table>
<tr><td>(a) 样本图像</td><td>(b) 分割后图像</td></tr>
</table>

图 4-7　OSTU 法分割目标的效果

　　从图 4-7 可以看出,OSTU 虽然能将目标分割出来,但是稻谷和糙米所在区域出现了黑色背景点,表明分割不完全。因此,本研究采用如图 4-8 所示的背景去除算法,取得的效果如图 4-9 所示。

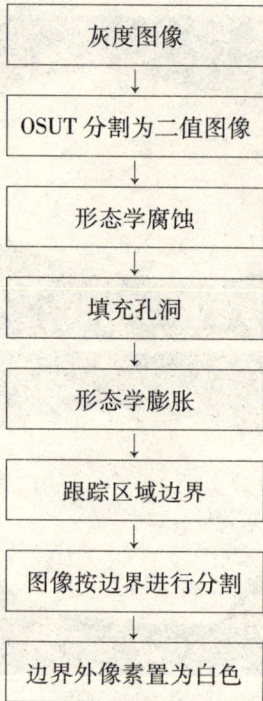

图 4-9　背景去除后的效果

图 4-8　背景去除算法流程

（2）图像增强

为了去除灯光、环境等因素产生的影响，突出损伤特征，需要对图像进行增强，改善图像质量。考虑到损伤稻谷的灰度值一般集中在一个区域，可采用灰度拉伸算法，调整灰度范围，增强有用信息。设 $f(i,j)$ 是原始图像，$g(i,j)$ 是增强后的图像，则

$$g(i,j) = \begin{cases} 255 & f(i,j) > f_b \\ \dfrac{255}{f_a}[f(i,j) - f_b] + 255 & f_a \leqslant f(i,j) \leqslant f_b \\ 0 & f(i,j) < f_a \end{cases} \tag{4-19}$$

式中：f_a、f_b 分别为阈值上、下限，可采用 stretchlim 函数自动获得。灰度增强后损伤稻谷图像效果如图 4-10 所示。

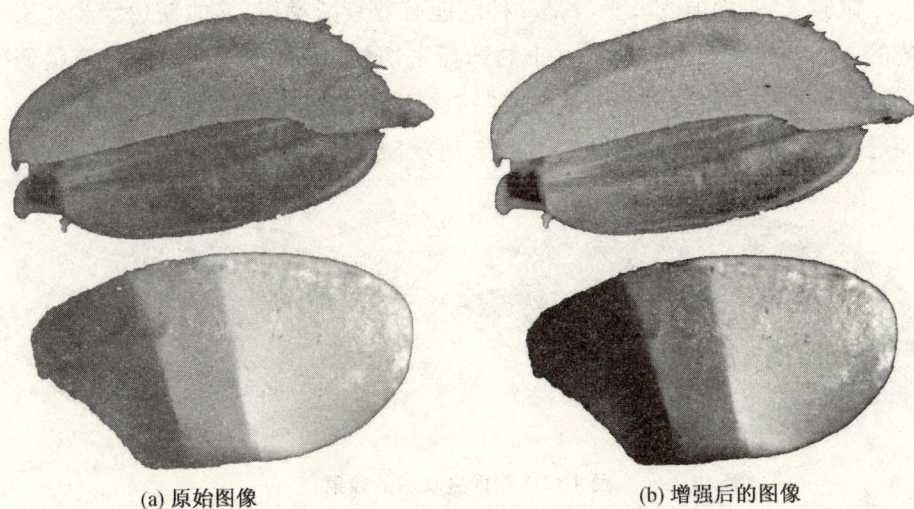

(a) 原始图像　　　　　　　　　　(b) 增强后的图像

图 4-10　灰度增强后的效果

（3）图像去噪

噪声常常表现为图像上孤立像素的灰度突变。所谓孤立像素指的是小的颗粒，这样的噪声被称为颗粒噪声，在图像上表现为高频特性，有较大的灰度差，而且具有空间不相关性，这些噪声的存在降低了图像的质量，干扰了图像的特征提取和图像的识别，以至产生不良的视觉效果。

滤除噪声常用的方法有阈值平滑算子、均值滤波器、高斯低通滤波器、中值滤波器等。试验发现前 3 种滤波器法对噪声有较好的抑制作用，但同时也使得图像的轮廓变得模糊。中值滤波是一种典型的低通滤波器，但用的是一种不同于卷积的邻域运算，将一个包含有奇数个像素的窗口在图像上依次移动，在每一个位置上对窗口内像素的灰度值由小到大进行排列，然后将位于中间的灰度值作为窗口中心像素的输出值。常用的中值滤波模板如图 4-11 所示。

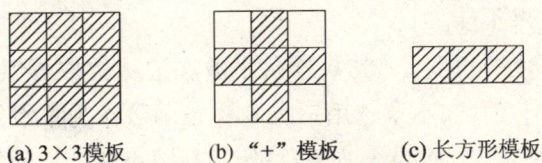

(a) 3×3模板　　　　(b) "+"模板　　　　(c) 长方形模板

图 4-11　常用的中值滤波模板

试验表明：中值滤波平滑是一种既能有效衰减噪声，又能使边缘少受影响的方法。处理效果与模板大小的选择密切相关，同时模板大小也直接影响处理速度。本研究采用中值滤波器消除噪声，滤波器模板选择 3×3 模板。经过中值滤波处理后的图像如图 4-12 所示，滤波效果很好。

图 4-12　图像去噪后的效果

4.4.2　样条小波自适应阈值多尺度边缘检测

图像处理中边缘提取的主要计算方法是做一个函数与图像信号卷积，得到横向和纵向的梯度图像和模图像，然后根据梯度方向进行模的极大值检测，获得需要的物体边缘。传统的计算方法是用模板在每个图像点的邻域进行卷积运算，如 Robert，Sobel，Prewitt 等，这也是目前图像处理中经常采用的方法。这些算法的主要缺点是对噪声敏感，而在实际图像中噪声往往是难以避免的，所以传统边缘提取算法较难得到令人满意的结果。

小波变换由于具有良好的时频局部化特性，因此特别适合于非平稳信号的分析与处理。自 20 世纪 80 年代 Mallat 提出小波变换的快速算法以来，小波变换被广泛应用于多尺度边缘和裂纹缺陷的提取[119-123]、裂纹群扩展[124,125]过程研究等多个领域，并取得了良好的效果。目前已存在一些基于小波变换的图像边缘提取算法，但这些算法很难同时满足 Canny 边缘提取准则和渐近最优性。另外，这些算法大多采用单一阈值，对强弱边缘同时存在的图像提取效果不佳。

从时频局部化的角度，三次 B 样条小波在边缘提取等实际应用中是渐近最优的[126-128]。因此，本章选用三次 B 样条函数作为平滑函数，其一阶导数（收敛于 Canny 算子）作为小波函数；然后利用小波变换的特点，设计三次 B 样条平滑滤波算子，对图像进行多尺度滤波；再结合自适应阈值方法，在每种尺度下分别提取图像边缘,根据边缘信息的多尺度特性,融合多尺度边缘形成最终的单像素宽边缘图像。

(1)小波变换与多分辨率分析

设 $\psi(x)$ 是平方可积函数,记作 $\psi(x) \in L^2(R)$,称 $\psi(x)$ 为基本小波或母小波的函数,则连续小波变换为

$$W_{\psi}f(a,b) = \frac{1}{\sqrt{a}}\int f(x)\psi^*\left(\frac{x-b}{a}\right)\mathrm{d}x = \langle f, \psi_{a,b}\rangle \qquad (4\text{-}20)$$

式中:$a > 0$,为尺度因子;b 为平移因子;上标 $*$ 表示共轭;$\langle x, y\rangle$ 表示内积。

尺度因子 a 的作用是将基本小波 $\psi(x)$ 做伸缩,a 越大,$\psi(x/a)$ 越宽。在不同尺度下,波的持续时间随 a 的加大而增宽,幅值则与 $\sqrt{a}$ 成反比减小,但波的形状保持不变[129]。小波变换的特点是没有核函数,但也不是任意函数都可作为小波变换的基函数。针对具体的应用场合,设计不同的小波基函数是实现信号最佳分解和处理的必要前提,也是小波理论研究的重要内容。

小波变换等效的频域表示为

$$W_{\psi}f(a,b) = \frac{\sqrt{a}}{2\pi}\int f(\omega)\psi^*(a\omega)\mathrm{e}^{i\omega b}\mathrm{d}\omega \qquad (4\text{-}21)$$

式中:$\psi(\omega)$ 是 $\psi(x)$ 的傅里叶变换。

总之,从频域上看,用不同尺度做小波变换大致相当于用一组带通滤波器对信号进行处理。当 a 较小时,时轴上考察范围小,而在频域上相当于用高频小波做细致观察;当 a 较大时,时轴上考察范围大,而在频域上相当于用低频小波做概貌观察。因此,小波有数学放大镜的美誉。

小波必须存在反变换才有实际意义,小波反变换的存在条件就是所采用的基小波必须满足"容许性条件"[130]:

$$C_{\psi} = \int \frac{|\psi(\omega)|^2}{\omega}\mathrm{d}\omega < \infty \qquad (4\text{-}22)$$

S. Mallat 于 1988 年在构造正交小波基时提出了多分辨率分析(Multi-Resolution Analysis,MRA)的概念,从空间的概念上形象地说明了小波的多分辨率特性,给出了通用的构造正交小波的方法,并将之前所有的正交小波构造方法统一起来,并类似傅里叶分析中的快速傅里叶算法,给出了离散小波

变换的快速算法——Mallat 算法[131-133]。形象地讲,多分辨率分析就是要构造一组函数空间,这组空间是相互嵌套的,即

$$\cdots \subset V_2 \subset V_1 \subset V_0 \subset V_{-1} \subset V_{-2} \cdots$$

相邻两个函数空间的差定义了一个由小波函数构成的空间,即 $V_j \oplus W_j = V_{j-1}$。

由于对 $\forall j$ 有 $V_j \subset V_{j-1}$,所以对 $\forall g(x) \in V_{j-1}$,也即可以展开成 V_{j-1} 上的标准化正交基。特别地,由于 $\phi(x) \in V_0$,那么 $\phi(x)$ 就可以展开成

$$\phi(x) = \sum_{k \in Z} h_0(k)\phi_{-1,k}(x) = \sqrt{2}\sum_{k \in Z} h_0(k)\phi(2x-k) \quad (4\text{-}23)$$

这就是著名的双尺度方程,它奠定了正交小波变换的理论基础。数学上可以证明,对于任何尺度 $\phi_{j,0}(x)$,它在 $j-1$ 尺度正交基 $\phi_{j-1,k}(x)$ 上的展开系数 h_k 是一定的,这提供了一个很好的构造多分辨率分析的方法。

(2)三次 B 样条小波平滑滤波算子的设计

Schoenberg 提出一种较为简单的 S_1^n 的表达式[126]:

$$S_1^n = \left\{ g^n(x) = \sum_{k=-\infty}^{+\infty} y(k)\beta^n(x-k), \ (x \in R, y \in l_2) \right\} \quad (4\text{-}24)$$

式中:S_1^n 是类空间 $C^{n-1} \in l_2$ 的子函数集;上标 n 表示分段多项式段的级数;下标 1 表示节点间的间隔;$y(k)$ 为 B 样条系数;$\beta^n(x)$ 为 n 次对称 B 样条小波。

等距单重结点条件下,n 次中心 B 样条函数 $\beta^n(x)$ 用卷积递推定义为

$$\beta^n(x) = \beta^{n-1} * \beta^0(x) = \underbrace{\beta^0 * \beta^0 * \cdots * \beta^0}_{n+1}$$

$$= \frac{1}{n!}\sum_{j=0}^{n+1}\left[\binom{n+1}{j} \right](-1)^j\left(x-j+\frac{n+1}{2}\right)_+^n \quad (4\text{-}25)$$

其中,$\beta^0 = x_{[-1/2,1/2]}$ 为区间 $[-1/2,1/2]$ 上的特征函数,且 $(x)_+ = \max\{0,x\}$。容易知道 $\beta^n(x)$ 是非负的,其范围为 $[-(n+1)/2,(n+1)/2]$。

UNSER 已经证明[126],当 $n \rightarrow \infty$ 时,$\beta^n(x)$ 及其傅里叶变换收敛于 Gauss 函数,有如下关系:

$$\beta^n(x) = \sqrt{\frac{6}{\pi(n+1)}}\exp\left(-\frac{6x^2}{n+1}\right) \quad (4\text{-}26)$$

对样条函数的研究表明,其具有紧支、对称的特点,因此在检测边缘时为减少计算量、提高定位精度提供了有利条件。可见,取样条函数的一阶导

数作为滤波器可以逼近高斯函数的一阶导数。换言之,样条函数的一阶导数可以逼近最优边缘检测算子,这正是样条小波进行多尺度边缘检测的优势所在。王玉平从时频分析的角度对 n 阶 B 样条的性质进行了研究,认为三次 B 样条在边缘提取中是渐近最优的[126]。因此,本算法采用三次 B 样条函数作为平滑函数,其一阶导数作为小波母函数,由式(4-25)可得三次 B 样条函数 $\beta^3(x)$ 及其一阶导数为

$$\beta^3(x) = \begin{cases} \dfrac{(x+2)^3}{6} & x \in [-2,-1] \\ -\dfrac{x^3}{2} - x^2 + \dfrac{2}{3} & x \in [-1,0] \\ \dfrac{x^3}{2} - x^2 + \dfrac{2}{3} & x \in [0,1] \\ \dfrac{(2-x)^3}{6} & x \in [1,2] \end{cases}$$

$$\beta^{3'}(x) = \begin{cases} \dfrac{(x+2)^2}{2} & x \in [-2,-1] \\ -\dfrac{3x^2}{2} - 2x & x \in [-1,0] \\ \dfrac{3x^2}{2} - 2x & x \in [0,1] \\ \dfrac{(2-x)^2}{2} & x \in [1,2] \end{cases} \tag{4-27}$$

(3) 小波自适应阈值图像边缘提取

已证明使用平滑函数的一阶导数的极值检测优于使用其二阶导数的零交叉检测[126,134,135],所以本节采用极值检测方法进行图像边缘提取。

二维函数 $\theta(x,y) = O\left(\dfrac{1}{(1+x^2)(1+y^2)}\right)$,且其积分非 0,则称它为二维平滑函数。

令 $\theta_s(x,y) = \dfrac{1}{s^2}\theta\left(\dfrac{x}{s}, \dfrac{y}{s}\right)$,二维信号 $f(x,y)$ 的平滑是通过不同尺度 s 上与 $\theta_s(x,y)$ 作卷积来实现,表示为

$$(f * \theta_s)(x,y) = \iint_R f(x-u, y-v)\theta_s(u,v)\,\mathrm{d}u\mathrm{d}v \tag{4-28}$$

定义二维小波变换,取

$$
\begin{cases}
\psi^1(x,y) = \dfrac{\partial\theta(x,y)}{\partial x} \\[2mm]
\psi^2(x,y) = \dfrac{\partial\theta(x,y)}{\partial y}
\end{cases}
,记
\begin{cases}
\psi_s^1(x,y) = \dfrac{1}{s^2}\psi^1\left(\dfrac{x}{s},\dfrac{y}{s}\right) \\[2mm]
\psi_s^2(x,y) = \dfrac{1}{s^2}\psi^2\left(\dfrac{x}{s},\dfrac{y}{s}\right)
\end{cases}
\tag{4-29}
$$

设 $f(x,y)\in L^2(R^2)$,在尺度 s 上的二维小波变换包含两个部分:

$$
\begin{cases}
W_s^1 f(x,y) = f * \psi_s^1(x,y) \\[2mm]
W_s^2 f(x,y) = f * \psi_s^2(x,y)
\end{cases}
\tag{4-30}
$$

容易证明

$$
\begin{bmatrix}
W_s^1 f(x,y) \\[2mm]
W_s^2 f(x,y)
\end{bmatrix}
= s
\begin{bmatrix}
\dfrac{\partial}{\partial x}(f*\theta_s)(x,y) \\[2mm]
\dfrac{\partial}{\partial y}(f*\theta_s)(x,y)
\end{bmatrix}
= s\nabla(f*\theta_s)(x,y)
\tag{4-31}
$$

这时右端是平滑函数梯度的 s 倍。在尺度 s 上,梯度矢量的模正比于小波变换的模 $M_s f(x,y) = \sqrt{|W_s^1 f(x,y)|^2 + |W_s^2 f(x,y)|^2}$,梯度矢量与水平方向的夹角(相角)为 $A_s f(x,y) = \arctan\left[\dfrac{W_s^1 f(x,y)}{W_s^2 f(x,y)}\right]$。数字化应用中,一般只考虑尺度 $s = 2^j, j\in Z$,此时小波变换就是二进制小波变换。在由角度 $A_s f(x,y)$ 提供的方向上,可以求出图像小波变换在多个尺度的局部模极值,对应于图像中的边缘。

用小波变换对图像进行多尺度边缘提取,得到的多尺度边缘图表征了图像中不同强度和大小结构的边缘,是图像的重要特征。如果对变换后的整幅图像取同一阈值,那么由微弱边缘形成的局部模极大值,将会随着由灰度不均匀、噪声等产生的模极大值一并被滤除。针对这一问题,特采用自适应阈值边缘提取算法,以期对强弱边缘同时存在的图像有较好的边缘提取效果。

用小波多尺度自适应阈值算法进行图像边缘提取的流程如图 4-13 所示。

```
┌─────────────────────┐
│    多尺度小波变换      │
└─────────────────────┘
           ↓
┌─────────────────────┐
│     各尺度下求梯度      │
│    方向和梯度矢量       │
└─────────────────────┘
           ↓
┌─────────────────────┐
│    求各尺度下模极大值    │
└─────────────────────┘
           ↓
┌─────────────────────┐
│     设定自适应阈值      │
└─────────────────────┘
           ↓
┌─────────────────────┐
│    求各尺度下图像边缘    │
└─────────────────────┘
           ↓
┌─────────────────────┐
│     融合各尺度边缘      │
└─────────────────────┘
```

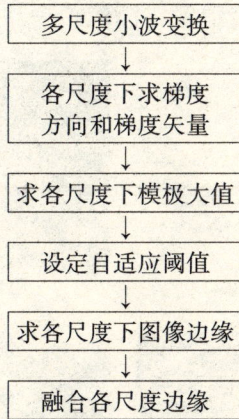

图 4-13　小波多尺度自适应阈值算法流程

　　首先,对原图像 $f(x,y)$ 进行小波变换,生成模图像族 $M_{2^i}f(x,y)$ 和相图像族 $A_{2^i}f(x,y)$。在每一尺度下,通过检测沿相角方向的小波变换模的局部极大值点得到可能的边缘图像 $P_{2^i}f(x,y)$。为了除去由噪声和灰度不均匀引起的虚假边缘,需设置一个阈值。对整幅图像若采用同一阈值,则在除去噪声的同时,图像中的微弱边缘也会被除去,从而影响提取效果。因此,用如下自适应方法确定阈值:采用 $n \times n$ 的窗口,对可能的边缘图像 $P_{2^i}f(x,y)$ 进行扫描,由窗口内的小波变换系数求出阈值,根据窗口内小波变换系数的变化,实现阈值的自适应调整,计算公式如下:

$$T = T_0 + a_0 \times \sum_{i,j} C_{i,j} \tag{4-32}$$

式中:T 为阈值;T_0 为初始值;$C_{i,j}$ 为与当前窗口相对应的小波系数;a_0 为一比例系数,用以决定与当前窗口相对应的小波系数对阈值的影响程度。预备性试验发现,T_0 取为 8、a_0 取为 0.01 时,处理效果较好。

　　需要指出的是,窗口大小的确定对采用自适应阈值方法至关重要。若窗口太小,则图像噪声和灰度不均匀对阈值的影响增大,误检率提高;若窗口太大,则图像中的微弱边缘易被滤去,达不到好的提取效果。通过对不同的窗口大小进行试验,得到采用 32×32 窗口的检测效果最佳,故本章自适应阈值方法中采用 32×32 的窗口。

　　图 4-14 给出了采用上述方法进行边缘提取的试验结果。其中,图 4-14 a 为损伤稻谷原图,图 4-14 b、图 4-14 c 和图 4-14 d 分别为 $s = 2^1$,$s = 2^2$,

$s=2^3$ 尺度下对图 4-14 a 进行边缘检测的结果。

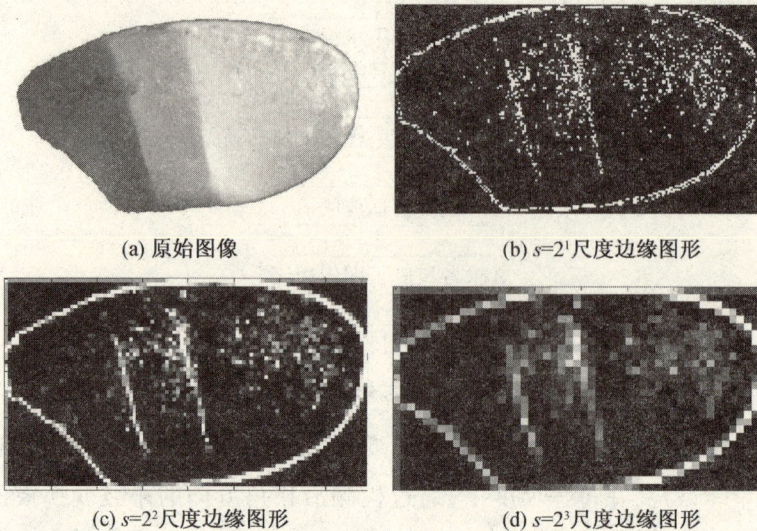

(a) 原始图像

(b) $s=2^1$ 尺度边缘图形

(c) $s=2^2$ 尺度边缘图形

(d) $s=2^3$ 尺度边缘图形

图 4-14　不同尺度损伤稻谷边缘检测结果

从图 4-14 可以看出：基于小波变换的自适应阈值图像边缘提取算法在小尺度下提取到的图像边缘细节丰富，能较好的保留微弱边缘；在大尺度下具有很好的抗噪能力。

（4）多尺度边缘融合

图像每个尺度的小波变换都提供了一定的边缘信息。从图 4-14 的检测结果可以看出：当尺度小时，图像的边缘细节信息较为丰富，边缘定位精度较高，但易受到噪声的干扰；当尺度大时，图像的边缘稳定，抗噪性好，但定位精度差。解决的方法是将各尺度的边缘图像的结果融合起来，发挥各尺度的优势，得到精确的边缘。

多尺度边缘融合的具体实现步骤如下：

① 由于相邻尺度间的边缘位移不超过 1，针对尺度 j 每一个边缘像素，搜索 $j-1$ 尺度下可能的边缘图像中相应的面积为 3×3 的匹配区域，该匹配区域中出现的所有可能边缘点均标记为候选边缘点。另外，若 $j-1$ 尺度下 3×3 匹配区域的中心点处为非边缘点，且区域内的边缘点少于 l 个（本节取 $l=2$），则保留 j 尺度下的该边缘点，亦标记为候选边缘点。最后得到 $j-1$ 尺度下的候选边缘点图像 $C^{j-1}(x,y)$，将 $C^{j-1}(x,y)$ 中非候选边缘点标记为 0。

② 对 $j-1$ 尺度下候选边缘点图像 $C^{j-1}(x,y)$ 进行孤立点去除,得到该尺度下的图像边缘 $E^{j-1}(x,y)$。

③ $j=j-1$,如果 $j>1$,则转到步骤①,否则接下步。

④ $j=1$ 时,边缘图像 $E^{j-1}(x,y)$ 即为融合后形成的图像边缘。

图 4-15 给出了上述算法对内部损伤稻谷图像的检测结果,并与传统边缘检测算法进行了比较。

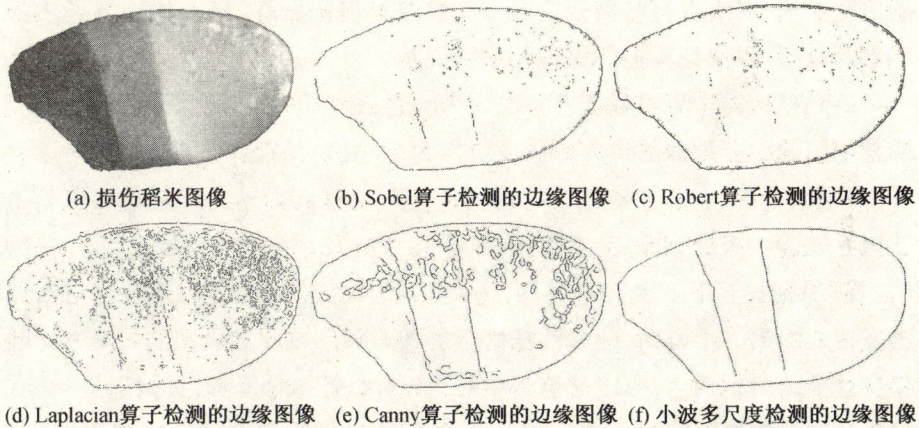

(a) 损伤稻米图像　　(b) Sobel算子检测的边缘图像　(c) Robert算子检测的边缘图像

(d) Laplacian算子检测的边缘图像　(e) Canny算子检测的边缘图像　(f) 小波多尺度检测的边缘图像

图 4-15　稻谷内部损伤小波多尺度边缘检测与传统边缘检测的比较

从图 4-15 可以看出:Sobel,Robert 算法检测的边缘有较好的噪声抑制效果,但细节不够丰富(只检测到了外部边缘);Laplacian,Canny 算法能检测到许多微弱边缘,但受噪声影响较大,其中有明显的伪边缘存在;小波多尺度算法能够检测到较丰富的边缘细节,且对非边缘点的抑制能力也比较好。

同样,破壳稻谷的小波多尺度边缘检测结果如图 4-16 所示。

图 4-16　外部损伤稻谷小波多尺度边缘检测

4.4.3　损伤评价指标计算与实例分析

（1）损伤评价指标计算

由稻谷损伤量化公式（4-1）和公式（4-2）可知，在检测出破壳区域和应力裂纹的边缘之后，还必须测量稻谷投影面积、破壳投影面积、糙米裂纹断面投影长度和糙米的裂纹投影长度。上述要求可通过图像处理中边界跟踪的方法实现，对所获得的破壳边缘或裂纹进行链码跟踪，获得损伤区域边界和裂纹链码，以便计算损伤面积和裂纹长度。

链码结构的边界跟踪需要解决 3 个问题：跟踪值、跟踪起点和跟踪方向。通常把图像中要跟踪的边界的灰度值作为跟踪值，而跟踪方向是按"向最左看"规则决定的，这样就能保证跟踪的轨迹是沿着从边界上某一起始点开始的边界轨迹。等值线跟踪过程：由一等值点出发（第一个点是起点），按照"左找"原则找到下一个等值点，由这一走向，仍按照"左找"原则定出由新点出发搜索的第一个方向，随后就按固定的搜索顺序在此点周围的 8 个方向顺移到这个新找到的点，再以此点为中心，继续 8 个方向搜索，直到边界封闭。链码结构的边界跟踪结果得到的边界数据可以是边界点的一串链码值（把跟踪得到的方向值顺序记录下来，方向值可为 0~7），也可以是边界点的 x,y 坐标。

采用"向最左看"的搜索规则图的方向对应图如图 4-16 所示，图中给出了平面相邻的 3×3 点，中心点平面坐标为（x，y），这是上一次找到的点。8 个箭头分别指向点 A 周围的 8 个点，这就是以点 A 为中心的 8 个搜索方向，每一个方向则以 M 值表示（$M=0,1,2,\cdots,7$）。把点 A 周围 8 个点的灰度值顺序地送入 $L(N)$ 中，如果 $L(K)$ 等于 L_G，则找到一个新点，由这一走向定出方向值 M_K，再把新点周围 8 个点的灰度送入 $L(N)$ 中，这时第一次搜索就是判断 $L(M_K)$ 是否等于阈值 L_G，这是第一个方向，以后的搜索方向就是从第一个方向起顺时针排列下去。跟踪得到的边界点的记录方式可以直接记忆边界点的平面坐标，也可以采用链码的方式，只记录跟踪得到的方向值，这样可以节约存储空间。链码结构的边界跟踪流程如图 4-18 所示，跟踪边界的过程是一个复杂的过程，首先要找边界的起点，然后进入跟踪环。在跟踪环里，以新找到的边界点为中心点取出 8 邻域像素点的数据，由此来判别有无下一个新的边界点。如存在新的边界点,则记录其链码值;如不存在,则进入断点处理。断点处理包括找新的边界点、断点和新边界点之间的插值。

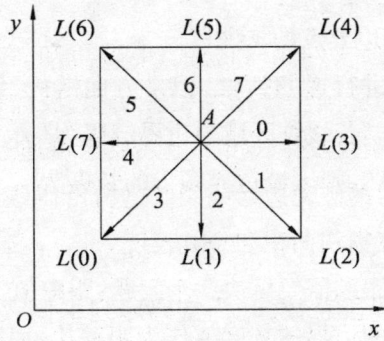

图 4-17　方向对应图

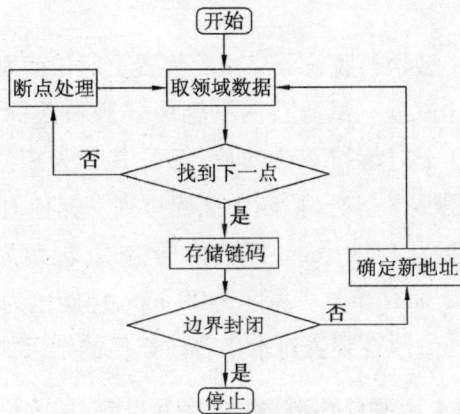

图 4-18　链码结构的边界跟踪流程

根据图 4-17 的链码值和方向定义方式,用链码序列表示闭合区间,表 4-2 给出了在这些条件下的面积因子 D_{nx} 和 D_{ny} 以及链码值 M 的对应值。

表 4-2　面积因子 D_{nx} 和 D_{ny} 以及链码值 M 的对应值

M	0	1	2	3	4	5	6	7
D_{nx}	1	1	0	-1	-1	-1	0	1
D_{ny}	0	-1	-1	-1	0	1	1	1

此时链码序列所包围的闭合区间(稻谷投影面积、稻谷外部损伤面积)

面积 $S^{[136]}$ 为

$$S = \left| \sum_{n=1}^{N} D_{nx}(y_{n-1} + D_{ny}/2) \right| \tag{4-33}$$

式中：y_{n-1} 为第 $n-1$ 个边界点的 y 坐标。

同理，对内部裂纹进行递归搜索，记录方向链码，统计方向链码的奇偶个数，得到裂纹的长度。若裂纹区域的边界链码为 $\{a_1, a_2, \cdots, a_n\}$，每个码段 a_i 所求的线段长度为 Δl_i，则区域边界图形的长度为

$$L = \sum_{i=1}^{n} \Delta l_i = n_e + \sqrt{2}(n - n_e) = n_e + \sqrt{2}n_0 \tag{4-34}$$

式中：n 为链码序列中码段总数；n_e 为链码序列中偶数码段数；n_0 为链码序列中奇数码段数。此时按照式（4-1）至式（4-4）就可计算得到相应的损伤指数。

（2）实例分析

在自行研制的小型物料脱粒分离试验装置上对田间刚收获的武粳 15 水稻进行脱粒损伤对比试验。试验在两种轴流式脱粒滚筒上进行，其一为钉齿滚筒，6 根齿杆，70 个钉齿按双头螺旋排列；其二为短纹杆 - 板齿脱粒滚筒，32 个脱粒元件，圆周 8 等分，按四头螺旋排列。其他有关参数：脱粒滚筒直径为 560 mm，长度为 1 580 mm，凹板为栅格式，包角为 21°，钢丝直径为 2 mm，钢丝间距为 12 mm，导向板高度为 20 mm，螺旋角为 10°。试验测得不同脱粒速度下两种轴流脱粒装置对水稻脱粒损伤的结果如表 4-3 所示。

表 4-3　两种脱粒装置水稻脱粒损伤试验结果

试验号	脱粒滚筒类型	脱粒滚筒转速/ （r·min⁻¹）	破碎率/ %	裂纹率/ %	标准损伤指数增量 ΔD_s
1	钉齿滚筒	950	1.69	7.9	3.21
2	钉齿滚筒	1 050	2.41	8.1	5.26
3	短纹杆 - 板齿滚筒	950	0.81	3.1	1.52
4	短纹杆 - 板齿滚筒	1 050	1.68	4.3	2.23

注：破碎率为破碎籽粒占样本总体的质量百分比；裂纹率为有裂纹籽粒占样本总体的质量百分比。

从表 4-3 的试验数据可知，1 号和 4 号试验的破碎率相近。从这个角度

看两组试验对稻谷的损伤程度也相近。实际样品检测发现,4 号试验所得稻谷中轻微破壳的籽粒较多,1 号样品中稻谷完全破壳和破碎籽粒较多,因破碎率统计时将所有损伤程度同等对待,所以其不能准确反映稻谷外部损伤真实情况。表中 1 号和 2 号试验的未破壳籽粒的裂纹率相差不大,从这个角度看,两组试验对未破壳稻谷的损伤程度应接近。实际样品测试发现,2 号试验所得未破壳稻谷内部糙米多裂纹籽粒个数比较多,而 1 号试验所得未破壳稻谷内部糙米单条裂纹和 2 条裂纹多一些,因此采用裂纹率也不能完全真实反映稻谷内部损伤情况。上述情况在用标准损伤指数增量进行评价时均能准确区分,主要是标准损伤指数增量不仅包含了样本中稻谷外部损伤、内部损伤两种类型,还对不同损伤程度进行了量化,因此标准损伤指数增量比破碎率更能准确、合理地反映出脱粒装置对稻谷的损伤程度。

第5章 水稻单滚筒脱粒分离装置的研制与试验

水稻脱粒性能直接影响整机的收获质量和稻谷的等级,是稻谷机械损伤的源头之一。水稻脱粒的要求是稻谷外部不能破碎、破壳,内部尽量不要有裂纹,稻谷带柄粒少,脱净率高,脱出物杂余量少,茎秆破碎程度低,功耗小,脱粒装置结构简单,适应性好。本章将介绍在理论分析和有限元仿真的基础上研制一种单滚筒低损伤脱粒分离装置。

5.1 设计思路

稻谷与糙米的力学性能试验表明:稻谷的弹性模量、抗压强度均随含水率的增加而降低,而泊松比变化缓慢。抗压强度的提高表明稻谷抵抗冲击损伤能力的增强,因此在保证自然落粒少的条件下,尽量在稻谷含水率较低时进行收获作业有助于减少稻谷的脱粒损伤。

水稻穗头连接力试验研究表明[137]:沿稻谷粒柄方向的稻谷粒柄之间的连接力(拉力)最大,脱粒较难,容易形成带柄籽粒;垂直于稻谷粒柄方向的稻谷与粒柄之间的连接力(剪切力)最小,脱粒容易。搓擦脱粒时稻谷在摩擦力作用下旋转,其与粒柄之间为剪切力作用,因此搓擦脱粒方式有助于减小水稻的带柄率。

稻谷在冲击和搓擦载荷作用下的理论分析与有限元模拟表明:与冲击脱粒相比,相同脱粒速度下,水稻搓擦脱粒时稻谷承受的载荷较小,稻谷的变形量不大,内部不易产生高应力区与应变区,产生裂纹点的可能性小,初始的微裂纹也不易扩展,但可能会使稻壳破损,形成破壳损伤;冲击脱粒时,稻谷受到脱粒元件冲击载荷作用,运动速度及运动方向发生突然改变,虽脱粒能力强,但当接触表面产生的内应力超过稻谷组织的结合强度时将导致内部裂纹或破碎的产生。因而水稻脱粒的最佳选择是脱粒元件能兼顾搓擦脱粒和冲击脱粒的优点。

国内外水稻脱粒技术的分析表明:纹杆脱粒装置主要利用纹杆的搓擦作用实现水稻脱粒,揉搓作用好,带柄少;钉齿或板齿脱粒装置主要利用钉齿或板齿的打击作用实现水稻脱粒,脱净率高。因而采用短纹杆－板齿进行复合形成新的脱粒元件,实现水稻的低损伤脱粒是可行的,将具有更高的适应性。

5.2　低损伤单滚筒脱粒装置

5.2.1　低损伤单滚筒脱粒装置的设计

在上述分析的基础上,笔者设计了一种短纹杆－板齿复合式脱粒元件,其结构如图 5-1 所示,短纹杆安装在底座上方,板齿通过螺栓固定在底座侧边,与纹杆相接触。当收获难脱作物如晚粳稻时,板齿安装在底座直边,以增强打击作用(见图 5-2 a);当收获易脱作物如小麦、双季稻时,板齿安装在底座斜边,增强对作物的推运功能(见图 5-2 b)。

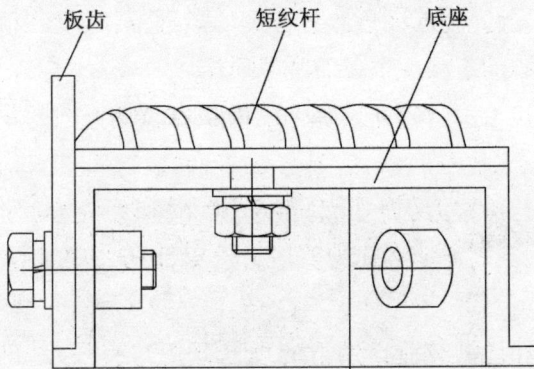

图 5-1　短纹杆－板齿结构示意图

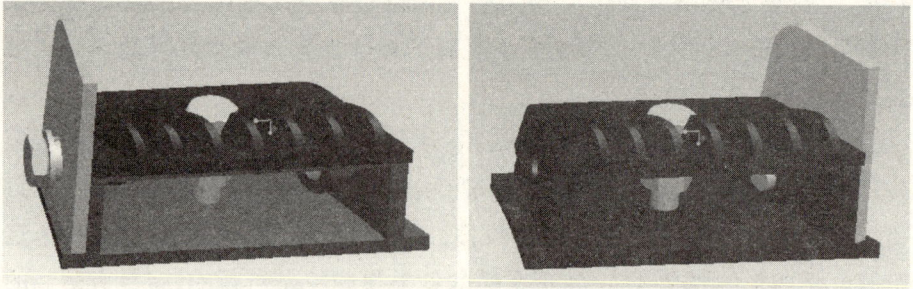

(a) 板齿安装在底座直边   (b) 板齿安装在底座斜边

图 5-2　板齿不同安装位置

　为了增强脱粒效果,与脱粒装置顶盖导向板相配合,短纹杆－板齿复合式脱粒元件按螺旋方式排列在脱粒滚筒上,如图 5-3 所示。低损伤单滚筒脱粒装置包括短纹杆－板齿脱粒滚筒、栅格凹板和顶盖,如图 5-4 所示。

图 5-3　短纹杆－板齿脱粒滚筒

图 5-4　短纹杆－板齿脱粒装置

5.2.2　低损伤单滚筒脱粒装置台架试验

为了获得短纹杆－板齿脱粒装置的结构与运动参数对脱粒性能、功耗、脱出物特性及稻谷损伤程度的影响,在物料输送－脱粒分离试验台上进行了水稻台架试验,并与我国现有履带全喂入联合收获机大量采用的钉齿滚筒进行了对比。

（1）试验装置与材料

试验装置为自行研制的物料输送－脱粒分离试验台,包括物料输送带、脱粒分离装置、机架、传动系统及测控系统,如图 5-5 和图 5-6 所示。该装置可以模拟联合收获机田间的工作情况,再现机械化收获过程中的输送、脱粒分离过程。其特点是输送带、倾斜输送器和脱粒滚筒采用变频调速电机独立驱动,且均安装有速度测量传感器;倾斜输送器、脱粒滚筒装有扭矩传感器,计算机可自动储存所有传感器信号。物料输送－脱粒分离试验台主要结构参数如表 5-1 所示。

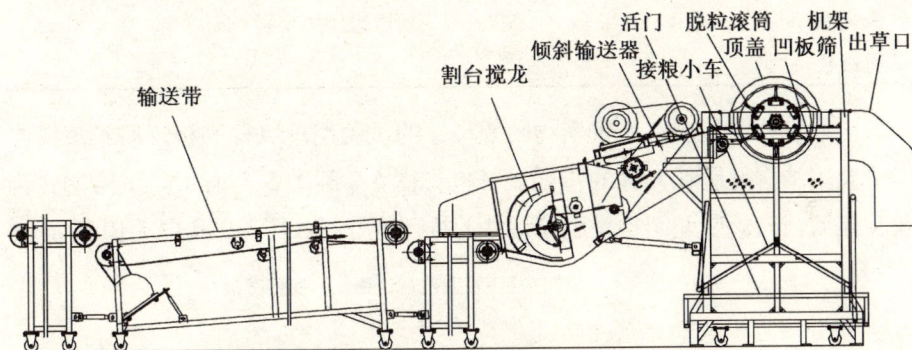

图 5-5　物料输送－脱粒分离试验台结构示意图

图 5-6　物料输送－脱粒分离试验台

表 5-1　物料输送–脱粒分离试验台主要结构与运动参数

项目	数据	项目	数据
1.输送带		钉齿滚筒	
长度/m	35	直径/mm	可调
宽度/m	1	长度/mm	1 590
速度/(m·s⁻¹)	0 ~ 3	钉齿数量/个	78
2.螺旋推运器转速/(r·min⁻¹)	300 ~ 700	齿高/mm	80
3.喂入主动轴转速/(r·min⁻¹)	300 ~ 700	钉齿直径/mm	16
4.脱粒滚筒		螺旋线头数	3
滚筒转速/(r·min⁻¹)	300 ~ 1 500	5.栅格式凹板	
短纹杆–板齿滚筒		栅条间距/mm	16
长度/mm	1 590	凹板包角/(°)	220
直径/mm	可调	凹板半径/mm	302
短纹杆长/mm	110	6.滚筒顶盖	
板齿比短纹杆高/mm	10	第四、第八块螺旋升角/(°)	60
板齿高/mm	80	顶盖作用半径/mm	315
螺线数头数	3		

　　与联合收获机脱粒装置实物同等尺寸的试验用短纹杆–板齿脱粒滚筒与凹板装配结构及脱粒元件的排列展开图如图 5-7 和图 5-8 所示。试验用钉齿脱粒滚筒与凹板装配结构及脱粒元件的排列展开图如图 5-9 和图 5-10 所示。

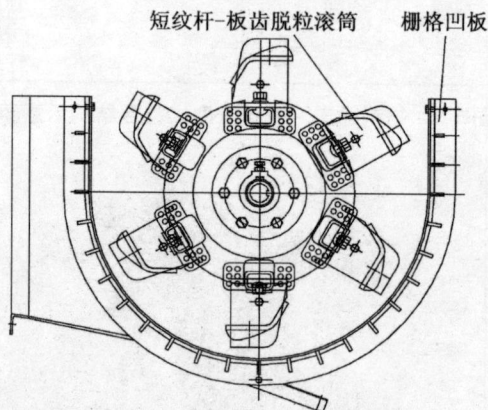

图 5-7　短纹杆–板齿滚筒与凹板装配示意图

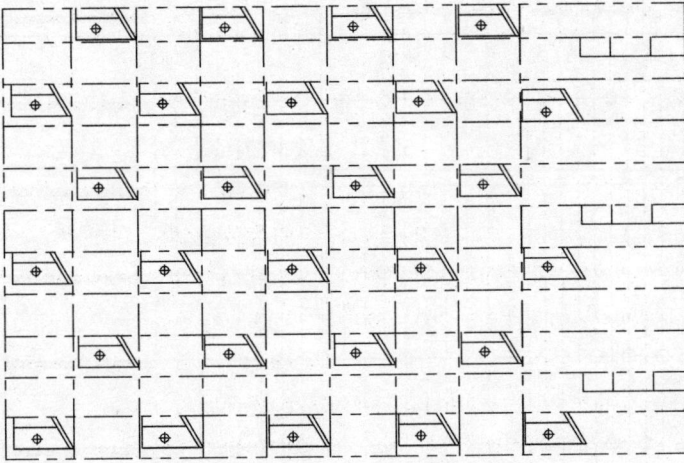

图 5-8　短纹杆 - 板齿排列展开图

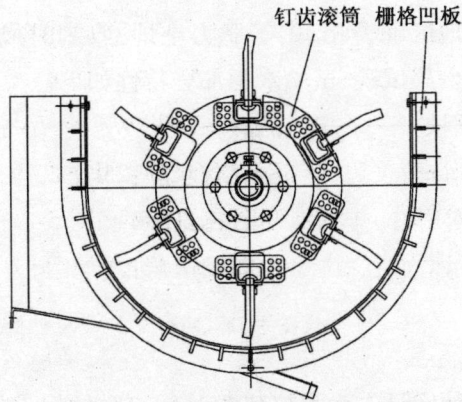

图 5-9　钉齿滚筒与凹板装配示意图

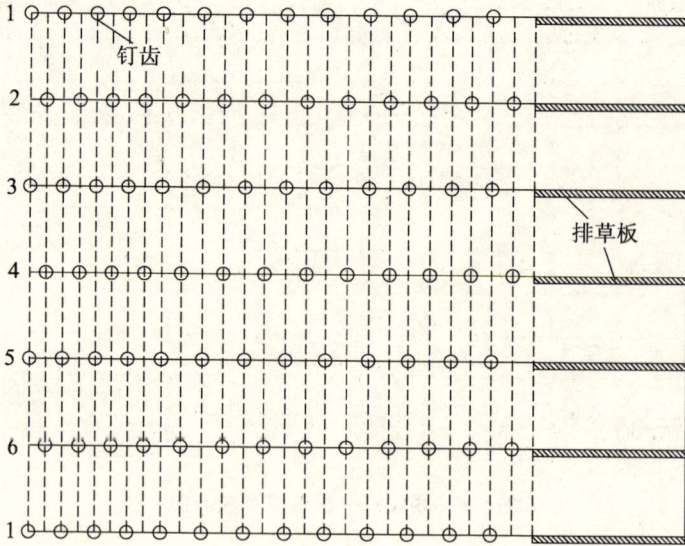

图 5-10 钉齿排列展开图

试验采用镇江地区晚粳稻,中等肥力土地,收割时成熟度基本一致,人工收割后当天进行台架试验,试验水稻部分特性如下:

种植方式:机插秧　　　　　品种:武粳 15

平均株高:752 mm　　　　稻谷含水率:25.0%

茎秆含水率:49.0%　　　　草谷比:1.86

千粒重:31.84 g　　　　　作物倒伏角:0°

(2) 试验方案

① 评价指标

用标准损伤指数增量作为脱粒装置对稻谷脱粒损伤的评价指标。脱出物杂余量越少,越容易清选,用脱出物杂余量代表脱粒过程中茎秆损伤程度。用未脱净损失率、夹带损失率和功耗作为脱粒装置的性能指标。

标准损伤指数增量为

$$\Delta D_{s} = D_{st} - D_{s} \tag{5-1}$$

式中:D_{st} 为脱粒后稻谷的标准损伤指数;D_{s} 为脱粒前稻谷的标准损伤指数。

脱出物杂余量为

$$Z_{a} = \frac{W_{za}}{W_{t}} \times 100\% \tag{5-2}$$

式中：W_{za} 为脱出物中杂余质量，kg；W_t 为脱出物的总质量，kg。

未脱净损失率为

$$T_u = \frac{W_u}{W} \times 100\% \tag{5-3}$$

式中：W_u 为脱粒装置排出物料中未脱粒稻谷的质量，kg；W 为喂入到脱粒装置中稻谷的总质量，kg。

夹带损失率为

$$T_j = \frac{W_j}{W} \times 100\% \tag{5-4}$$

式中：W_j 为脱粒装置排出物料所夹带已脱粒稻谷的质量，kg。

功耗

$$P = P_z - P_k \tag{5-5}$$

式中：P_z 为脱粒时间内的平均功耗，kW；P_k 为空运转平均功耗，kW。

② 单因素试验方案

试验重点分析脱粒间隙、脱粒线速度和脱粒元件排列 3 个因素对短纹杆 - 板齿脱粒滚筒水稻脱粒损伤和脱粒性能的影响。考察指标为标准损伤指数增量、未脱净损失率和夹带损失率。

板齿脱粒间隙：12，14，16，18，20 mm。

短纹杆脱粒间隙：22，24，26，28，30 mm。

板齿顶元件线速度：22，24，26，28，31 m/s（滚筒直径 550 mm）。

短纹杆线速度：21.2，23.1，25.1，27.0，29.9 m/s。

短纹杆 - 板齿脱粒元件排列间距：160，180，220，250，270 mm。

③ 正交试验方案

单因素试验只能在其他参数固定不变的情况下孤立地反映该因素的影响，不能反映这些参数交互作用的影响。因此，为了探索主要参数对性能指标联合影响的规律，根据单因素试验结果，参照典型履带全喂入式联合收获机钉齿滚筒脱粒装置的结构与运动参数，选取脱粒间隙、滚筒转速和喂入量 3 个因素，各取 3 个水平，按照正交试验 $L_9(3^3)$ 进行排列，试验方案如表 5-2 所示。试验重点考察短纹杆 - 板齿脱粒滚筒与现有联合收获机广泛使用的钉齿滚筒的脱粒损伤指标，包括标准损伤指数增量、脱出物杂余量等。试验取短纹杆－板齿脱粒元件排列间距为 220 mm,钉齿排列间距为 80 mm,每组试验重复 3 次,取平均值。

表 5-2　正交试验方案

试验号	因　素		
	脱粒间隙/mm	脱粒线速度/(m·s⁻¹)	喂入量/(kg·s⁻¹)
1	12	22	2.0
2	12	24	2.5
3	12	26	3.0
4	14	22	2.5
5	14	24	3.0
6	14	26	2.0
7	16	22	3.0
8	16	24	2.0
9	16	26	2.5

为了研究脱出物沿脱粒滚筒的轴向分布规律,将接料车分成 7 行 7 列共 49 个区域,如表 5-3 所示。

表 5-3　脱出物测试区分布

物料入口	脱粒滚筒轴向						
脱粒滚筒纵向	1 - 1	2 - 1	3 - 1	4 - 1	5 - 1	6 - 1	7 - 1
	1 - 2	2 - 2	3 - 2	4 - 2	5 - 2	6 - 2	7 - 2
	1 - 3	2 - 3	3 - 3	4 - 3	5 - 3	6 - 3	7 - 3
	1 - 4	2 - 4	3 - 4	4 - 4	5 - 4	6 - 4	7 - 4
	1 - 5	2 - 5	3 - 5	4 - 5	5 - 5	6 - 5	7 - 5
	1 - 6	2 - 6	3 - 6	4 - 6	5 - 6	6 - 6	7 - 6
	1 - 7	2 - 7	3 - 7	4 - 7	5 - 7	6 - 7	7 - 7

物料出口

④ 试验方法

试验前通过操纵台旋钮将各工作部件的参数调整到试验要求状态。根据喂入量的大小由人工称取一定质量的水稻,均匀铺放在输送带规定长度内,改变输送带运动速度,可获得不同喂入量。顺序启动脱粒滚筒、倾斜输送器、输送带电动机,试验物料经割台搅龙、倾斜输送器进入脱粒滚筒,从凹板分离出的脱出物落入接粮小车中接料盒内,未脱净和夹带的籽粒、茎秆等由出草口排出机外。人工捡拾、处理所排出的物料后可得未脱净损失和夹带损失。每组试验重复 3 次,取平均值。

(3) 单因素试验结果与分析

① 脱粒间隙

当脱粒线速度为 24 m/s、喂入量为 2.5 kg/s、短纹杆 – 板齿间距为 220 mm 时,脱粒装置对稻谷的损伤和损失率指标随脱粒间隙的变化如图 5-11 所示。

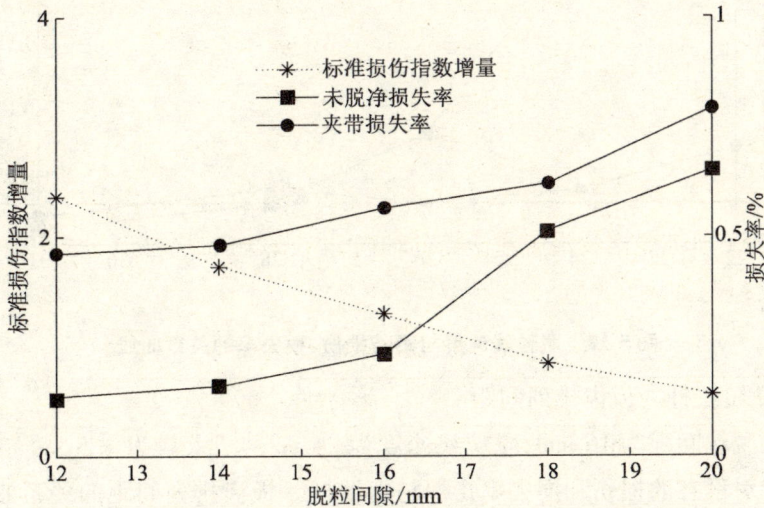

图 5-11　脱粒间隙与稻谷损伤、损失率的关系

从图 5-11 可以看出,随着脱粒间隙的增大,稻谷的标准损伤指数增量明显减小,表明稻谷受损伤程度降低。随着脱粒间隙的增大,脱粒过程中水稻与脱粒元件的撞击、与凹板栅格的搓擦等脱粒作用减弱,也导致了未脱净损失率显著增加,夹带损失率也缓慢上升。

② 脱粒线速度

脱粒线速度是影响稻谷脱粒损伤程度的重要因素,通过改变脱粒滚筒的转速,可实现脱粒线速度的变化。当脱粒间隙为 16 mm、喂入量为 2.5 kg/s、短纹杆 – 板齿间距为 220 mm 时,脱粒装置对稻谷的损伤和损失率指标与脱粒线速度关系如图 5-12 所示。

从图 5-12 可以看出,板齿线速度越高,稻谷的标准损伤指数增量增加显著,稻谷损伤严重;但较小的脱粒线速度会造成水稻脱不净,脱下来的稻谷难以从茎秆中分离出来而产生一定的未脱净损失率和夹带损失率。

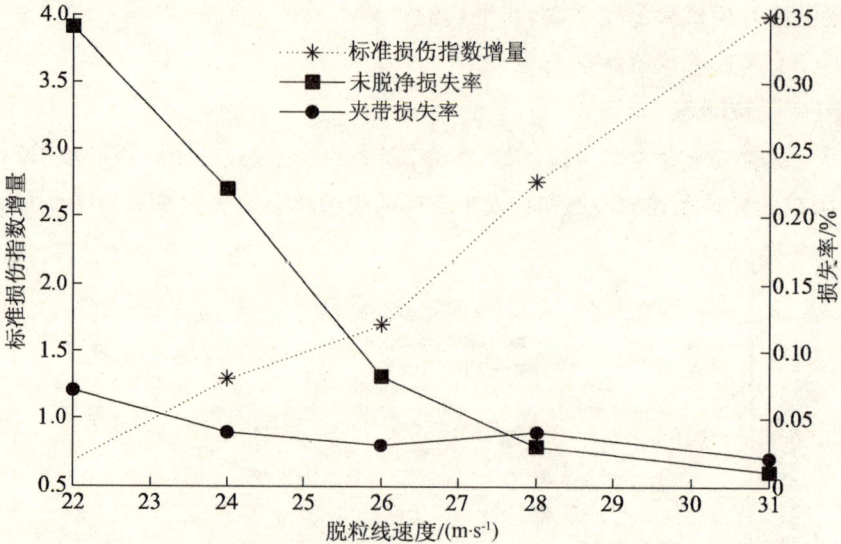

图 5-12 脱粒线速度与稻谷损伤、损失率的关系曲线

③ 短纹杆－板齿排列间距

当脱粒间隙为 16 mm、脱粒线速度为 24 m/s、喂入量为 2.5 kg/s 时,脱粒装置对稻谷的损伤和损失率指标与短纹杆－板齿排列间距的关系曲线如图 5-13 所示。可以看出,随着短纹杆－板齿排列间距的增大,标准损伤指数增量近似线性减小。原因是短纹杆－板齿排列间距的增大使得脱粒元件总数量和排列的螺旋角减小,使得脱粒元件对稻谷打击次数减少,且缩短了水稻在脱粒空间中停留的时间,因此稻谷损伤程度降低。但当短纹杆－板齿排列间距超过 220 mm 时,未脱净损失率急剧增加,主要是脱粒元件数量的大幅减少,导致籽粒的脱不净,同时夹带损失率也随脱粒元件排列间距的增加而增大。

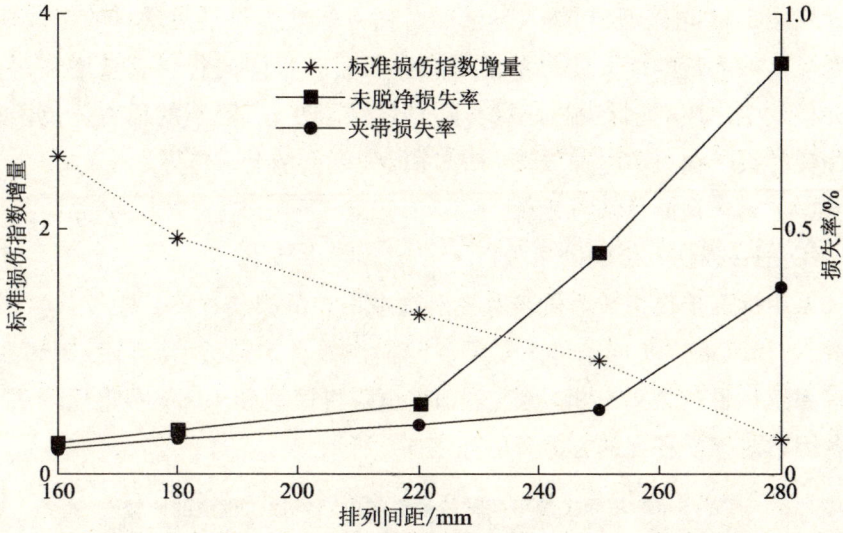

图 5-13　短纹杆－板齿排列间距与稻谷损伤、损失率的关系曲线

④ 喂入量

联合收获机在田间工作时,由于地形的变化、转弯、作物局部疏密不均等都会导致喂入量的变化,直接影响稻谷损伤程度和脱粒装置性能。在脱粒间隙为 16 mm、脱粒线速度为 24 m/s、短纹杆－板齿排列间距为 220 mm 的条件下,对不同喂入量(1.5,2.0,2.2,2.5,3.0 kg/s)进行稻谷脱粒台架试验,结果如图 5-14 所示。

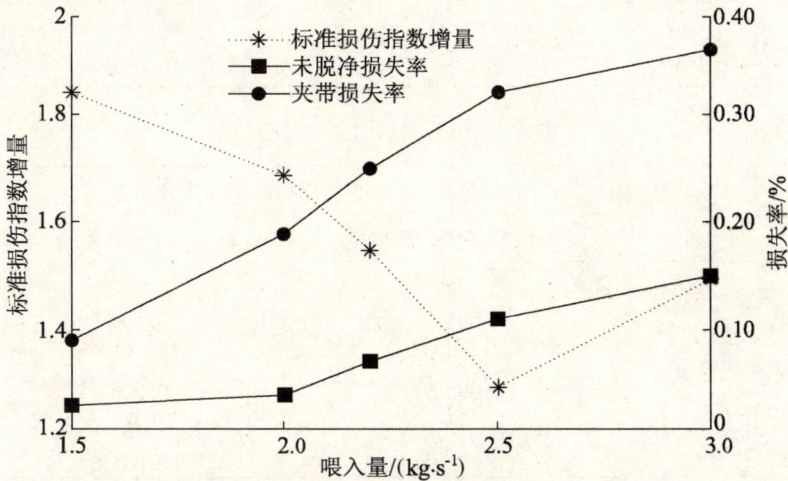

图 5-14　喂入量与稻谷损伤、损失率的关系曲线

从图 5-14 可以看出,喂入量增加对稻谷标准损伤指数增量的影响规律不明显。喂入量的增大使得单位时间进入脱粒空间的谷物总量增加,与脱粒元件发生作用的稻谷相对减少;同时谷物层变厚,脱下的稻谷分离困难,因而使得夹带损失率增加较快,未脱净损失率也呈上升趋势。

(4) 正交试验结果与分析

① 稻谷损伤及影响因素分析

采用标准损伤指数增量表示脱出物中稻谷的损伤程度。短纹杆 – 板齿滚筒、钉齿滚筒在不同条件下对稻谷的损伤如表 5-4 所示。利用 DPS 数据处理系统软件的方差分析功能,采用完全随机模型和 Tukey 多重比较法,得到各因素对损伤程度的方差分析如表 5-5 所示。

表 5-4 不同工况下两种脱粒滚筒对稻谷损伤程度的比较

试验号	脱粒间隙/ m	脱粒线速度/ ($m \cdot s^{-1}$)	喂入量/ ($kg \cdot s^{-1}$)	标准损伤指数增量	
				短纹杆 – 板齿滚筒	钉齿滚筒
1	0.012	22	2.0	2.73	5.71
2	0.012	24	2.5	3.29	7.17
3	0.012	26	3.0	4.37	11.22
4	0.014	22	2.5	1.68	4.29
5	0.014	24	3.0	2.43	7.21
6	0.014	26	2.0	3.43	8.97
7	0.016	22	3.0	1.23	3.57
8	0.016	24	2.0	1.59	4.11
9	0.016	26	2.5	2.56	5.89

表 5-5 稻谷损伤因素方差分析

	标准损伤指数增量方差	
	短纹杆 – 板齿滚筒	钉齿滚筒
脱粒间隙	243.810 8 (0.004 1)	116.448 1 (0.008 5)
脱粒线速度	221.169 9 (0.004 5)	161.656 9 (0.006 2)
喂入量	2.424 7 (0.292 0)	23.063 5 (0.041 6)

注:"( )"中为 P 值。

从表 5-4 可以看出,相同工况下,钉齿滚筒的标准损伤指数增量是短纹杆 - 板齿滚筒的 2.1~3.0 倍,表明钉齿滚筒对稻谷的损伤较短纹杆 - 板齿滚筒严重,尤其是钉齿的直接打击容易造成稻谷的内部损伤,这与第 4 章、第 5 章的理论分析与有限元仿真结果一致。

标准损伤指数增量的方差分析表明:脱粒间隙和脱粒线速度与标准损伤指数增量关系极为显著,钉齿滚筒的标准损伤指数增量与喂入量关系显著,短纹杆 - 板齿滚筒的标准损伤指数增量对喂入量不太敏感。

利用 DPS 数据处理系统多元分析中二次多项式功能可以很方便地获得短纹杆 - 板齿脱粒滚筒试验各因素与标准损伤指数增量的回归方程:

$$Y_{ss} = 22.430\ 417 - 826.875x_1 - 1.181\ 979x_2 - 1.756\ 667x_3 +$$
$$28\ 750x_1^2 + 0.042\ 031x_2^2 - 29.375x_1x_2 + 123.75x_1x_3 \qquad (5\text{-}6)$$

式中:Y_{ss} 为标准损伤指数增量;x_1 为脱粒间隙;x_2 为脱粒线速度;x_3 为喂入量。

经检验,该回归方程的 F 值为 115.349,显著水平 $P = 0.071\ 6 < 0.05$。同样很容易得到回归模型的决定系数 $R^2 = 0.999\ 4$。此结果表明回归数学模型有效且显著。

当喂入量 x_3 为 2.5 kg/s 时,标准损伤指数增量 Y_{ss} 与脱粒间隙 x_1、脱粒线速度 x_2 的关系曲面图如图 5-15 所示。

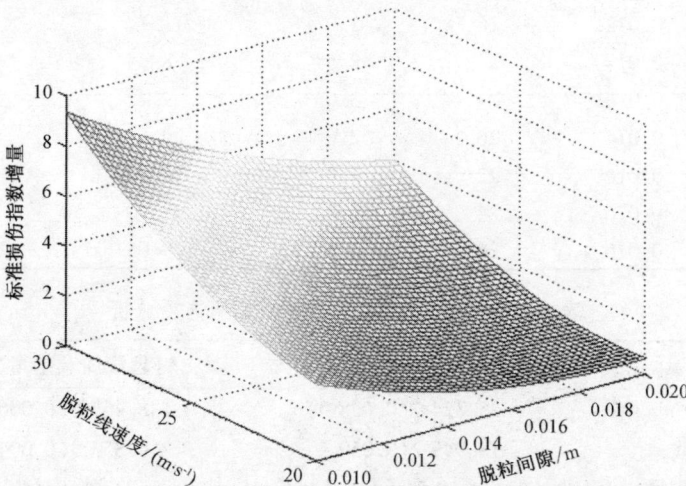

图 5-15　脱粒间隙、脱粒线速度与水稻标准损伤指数增量的关系

从图 5-15 可以看出,随着脱粒线速度的增加,标准损伤指数增量迅速上升;当脱粒线速度保持不变时,标准损伤指数增量随脱粒间隙的减小而增加,这均与单因素试验分析一致。因此在保证脱粒损失的条件下,尽可能降低脱粒线速度,增大脱粒间隙,将有助于减轻稻谷的脱粒损伤。

② 水稻茎秆的损伤及影响因素分析

谷物脱粒时,茎秆同时受到脱粒元件的打击,它所消耗的能量有时比稻谷从穗头上脱下来所需的能量还要大。茎秆受打击容易撕裂、折断,其中部分茎秆也从凹板筛孔中分离出来与稻谷一起构成了脱出混合物,其余的茎秆从排草口排出机外。脱出物中杂余越多,清选越困难,负荷越重;与此一致的是,排草口茎秆撕裂严重。从这个意义上说,脱出物中杂余量和排出茎秆的撕裂轻重也代表了茎秆的损伤程度。

短纹杆-板齿滚筒和钉齿滚筒杂余量及方差分析如表 5-6 和表 5-7 所示。以第 4 组试验为例,杂余沿滚筒轴向分布如图 5-16 所示,排草口排出茎秆撕裂程度如图 5-17 所示。

表 5-6　不同工况下的水稻杂余量

试验号	脱粒间隙/ m	脱粒线速度/ (m·s^{-1})	喂入量/ (kg·s^{-1})	短纹杆-板齿滚筒 杂余量/%	钉齿滚筒 杂余量/%
1	0.012	22	2.0	9.06	22.65
2	0.012	24	2.5	9.87	25.35
3	0.012	26	3.0	11.17	31.70
4	0.014	22	2.5	8.64	15.88
5	0.014	24	3.0	9.22	16.88
6	0.014	26	2.0	9.6	24.85
7	0.016	22	3.0	7.49	16.45
8	0.016	24	2.0	8.20	17.18
9	0.016	26	2.5	9.05	25.55

表 5-7　水稻脱出物杂余量影响因素方差分析

	短纹杆-板齿滚筒杂余量方差	钉齿滚筒杂余量方差
脱粒间隙	25.3247(0.0380)	148.4678(0.0067)
脱粒线速度	18.9492(0.0501)	206.8533(0.0048)
喂入量	0.9595(0.5104)	1.2371(0.4470)

注:"( )"中为 P 值。

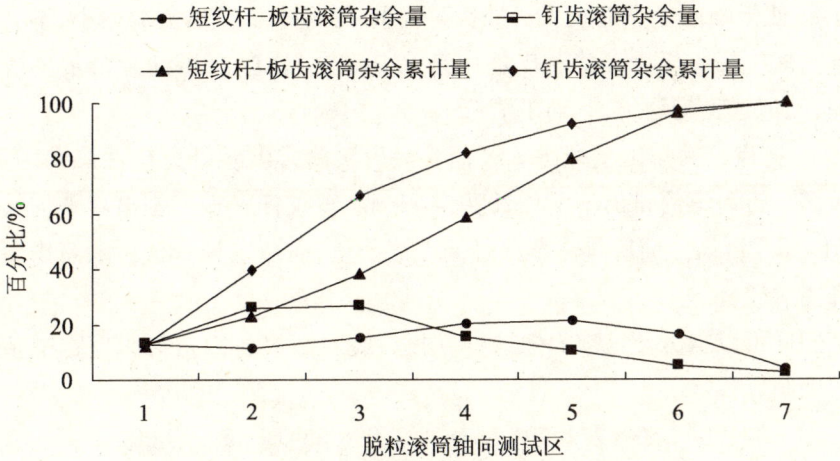

图 5-16　两种脱粒滚筒水稻杂余沿滚筒轴向分布

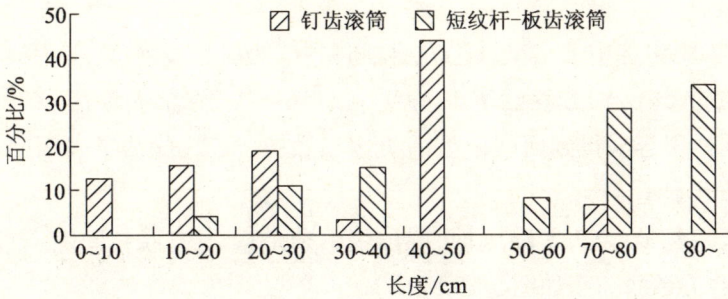

图 5-17　两种脱粒滚筒排出的不同长度水稻茎秆百分比

从以上表及图可以看出：

a. 相同工况下,钉齿滚筒的杂余量是短纹杆－板齿滚筒杂余量的 1.8～2.8 倍,表明短纹杆－板齿滚筒脱粒时以搓擦作用为主,对茎秆撕裂较弱。图 5-15 中排出茎秆的完整程度也印证了这一点。脱出物的杂余量低,能够减轻清选装置的负荷,提高清选效率和质量。

b. 方差分析表明,脱粒间隙和脱粒线速度与钉齿滚筒脱出物杂余量关系极为显著,与短纹杆－板齿滚筒脱出物杂余量关系显著,即短纹杆－板齿滚筒脱出物杂余量对脱粒间隙、脱粒线速度等参数较钉齿滚筒更不敏感,适应性更好。

c. 钉齿滚筒脱出物中杂余分布先快速增加,而后趋缓;在测试区 1 至 4 段中钉齿滚筒脱出物中杂余已分离了 82%,尾段 5 至 7 区(排草段)只有不到 3%，使得筛面上靠近喂入口处负荷较重，靠近排草口出负荷很小，不利于清选。短纹杆－板齿滚筒脱出物中杂余分布比较均匀，累计杂余量呈线性增加，则清选负荷均匀，有利于清选。

d. 钉齿滚筒排出茎秆比短纹杆－板齿滚筒排出茎秆完整性要差，短秸秆较多。钉齿滚筒排出草平均长度为 42 cm，短纹杆－板齿排出草平均长度为 51 cm。钉齿滚筒所排出草茎秆撕裂很严重，而短纹杆－板齿滚筒排出草茎秆撕裂较轻。

同样可以很方便地获得短纹杆－板齿脱粒滚筒各因素与脱出物中杂余量的回归方程：

$$Y_{sz} = 39.986\ 250 - 222.291\ 667x_1 - 3.098\ 854x_2 + 5.370\ 000x_3 -$$
$$3\ 333.333\ 333x_1^2 + 0.061\ 719x_2^2 + 31.041\ 667x_1x_2 - 350.416\ 667x_1x_3$$

$$(5\text{-}7)$$

式中：Y_{sz} 为脱出物中杂余量；x_1 为脱粒间隙；x_2 为脱粒线速度；x_3 为喂入量。

经检验，该回归方程的 F 值为 71 428.464 3，显著水平 $P = 0.002\ 9 < 0.05$。同样很容易得到回归模型的决定系数 $R^2 = 1$。此结果表明回归数学模型有效且显著。

当喂入量 x_3 为 2.5 kg/s 时，脱出物中杂余量 Y_{sz} 与脱粒间隙 x_1、脱粒线速度 x_2 的关系曲面图如图 5-18 所示。

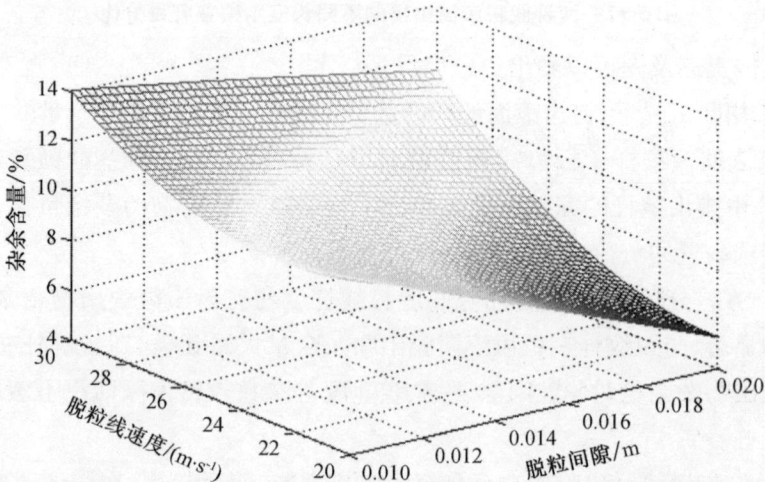

图 5-18　脱粒间隙、脱粒线速度与脱出物中杂余量的关系

从图 5-18 可以看出,随着脱粒线速度的增加,脱出物中杂余量迅速上升;当脱粒线速度保持不变时,脱出物中杂余量随脱粒间隙的增大而减小。因此,在保证脱粒损失的条件下,尽可能降低脱粒线速度,增大脱粒间隙,有助于减少短纹杆 – 板齿滚筒脱出物中的杂余量。

③ 脱粒滚筒功耗及影响因素分析

两种脱粒滚筒在不同工况下的功率消耗如表 5-8 所示,其方差分析结果如表 5-9 所示。

表 5-8　不同工况下的水稻脱粒功耗

试验号	脱粒间隙/ m	脱粒线速度/ $(m \cdot s^{-1})$	喂入量/ $(kg \cdot s^{-1})$	短纹杆 – 板齿滚筒 功耗/kW	钉齿滚筒 功耗/kW
1	0.012	22	2.0	10.5	12.9
2	0.012	24	2.5	12.5	17.1
3	0.012	26	3.0	14.8	21.3
4	0.014	22	2.5	9.8	13.3
5	0.014	24	3.0	10.7	17.1
6	0.014	26	2.0	9.0	10.8
7	0.016	22	3.0	8.6	14.8
8	0.016	24	2.0	6.8	9.2
9	0.016	26	2.5	7.7	12.6

表 5-9　水稻脱粒功耗影响因素方差分析

	短纹杆 – 板齿滚筒功耗方差	钉齿滚筒功耗方差
脱粒间隙	34.982 1(0.027 8)	127.541 4(0.007 8)
脱粒线速度	1.089 6(0.478 6)	7.947 4(0.111 8)
喂入量	9.791 5(0.092 7)	232.383 5(0.004 3)

注:"( )"中为 P 值。

从表 5-8 和表 5-9 可以看出:

a. 相同工况下,钉齿滚筒功耗是短纹杆 – 板齿滚筒功耗的 1.2 ~ 1.7 倍,平均每公斤水稻短纹杆 – 板齿滚筒的功耗为 4.06 kW,钉齿滚筒的功耗为 5.71 kW,表明钉齿对稻谷打击作用更强、对茎秆撕裂更严重,因而功耗更高。

b. 方差分析表明,喂入量、脱粒间隙与钉齿滚筒功耗关系极为显著,短纹杆 – 板齿滚筒功耗对脱粒间隙、喂入量、脱粒线速度等参数较钉齿滚筒更不敏感,适应性更好。

同样可得短纹杆－板齿脱粒滚筒各因素与功耗的回归方程:

$$Y_{sw} = -23.707\,664 + 2\,972.568\,508x_1 + 1.345\,907x_2 + 30\,102.762\,805x_1^2 +$$

$$0.016\,250x_2^2 - 1.513\,046x_3^2 - 205.929\,919x_1x_2 + 0.389\,178x_2x_3 \qquad (5\text{-}8)$$

式中:Y_{sw}为功耗;x_1为脱粒间隙;x_2为脱粒线速度;x_3为喂入量。

经检验,该回归方程的 F 值为 $1\,418.764\,2$,显著水平 $P = 0.020\,4 <$ 0.05。同样很容易得到回归模型的决定系数 $R^2 = 1$。此结果表明回归数学模型有效且显著。

当脱粒线速度 x_2 为 24 m/s 时,短纹杆－板齿脱粒滚筒功耗 Y_{sw} 与脱粒间隙 x_1、喂入量 x_3 的关系曲面图如图 5-19 所示。

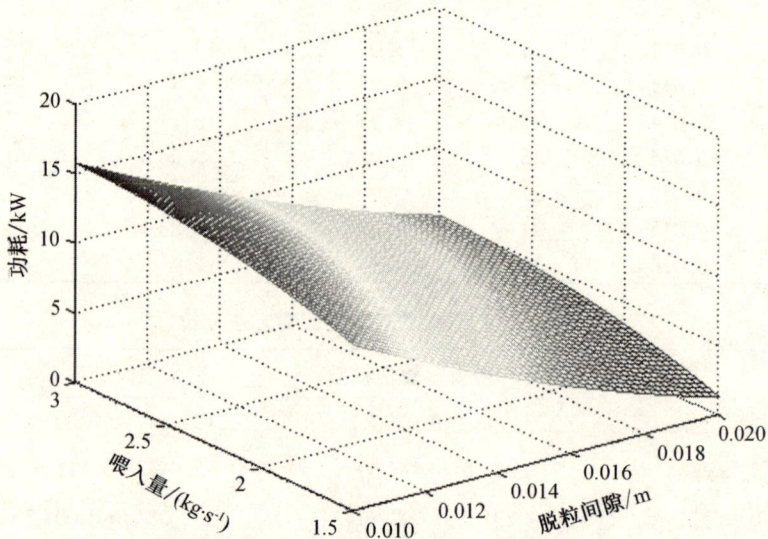

图 5-19　喂入量、脱粒间隙与水稻脱粒功耗的关系

从图 5-19 可以看出,随着喂入量的增加,短纹杆－板齿滚筒功耗呈上升趋势;当喂入量保持不变时,短纹杆－板齿滚筒功耗随脱粒线速度的增大而增大。因此,在保证脱粒损失的条件下,尽可能使喂入量不要太大,同时降低脱粒线速度,有助于减少短纹杆－板齿滚筒功率消耗。

④ 脱粒损失及影响因素分析

不同的脱粒间隙、滚筒转速和喂入量下,短纹杆－板齿脱粒滚筒和钉齿脱粒滚筒的脱粒损失率（未脱净损失和夹带损失）如表 5-10 所示，方差分析如表 5-11 所示。

表 5-10　不同工况下水稻脱粒损失率

试验号	脱粒间隙/ m	脱粒线速度/ (m·s⁻¹)	喂入量/ (kg·s⁻¹)	短纹杆－板齿滚筒 脱粒损失率/%	钉齿滚筒 脱粒损失率/%
1	0.012	22	2.0	0.25	0.24
2	0.012	24	2.5	0.29	0.25
3	0.012	26	3.0	0.33	0.30
4	0.014	22	2.5	0.37	0.32
5	0.014	24	3.0	0.41	0.41
6	0.014	26	2.0	0.31	0.29
7	0.016	22	3.0	0.59	0.53
8	0.016	24	2.0	0.48	0.46
9	0.016	26	2.5	0.38	0.36

表 5-11　水稻脱粒损失影响因素方差分析

	短纹杆－板齿滚筒脱粒损失率方差	钉齿滚筒脱粒损失率方差
脱粒间隙	12.189 6(0.075 8)	55.279 1(0.017 8)
脱粒线速度	1.483 4(0.402 7)	5.744 2(0.148 3)
喂入量	3.985 8(0.200 6)	18.860 5(0.050 4)

注："（）"中为 P 值。

从表 5-10 和表 5-11 可以看出：相同条件下，短纹杆－板齿滚筒的脱粒损失率比钉齿滚筒均略高，最多高 0.06%，各工况下脱粒损失率均小于 0.6%。方差分析表明，钉齿滚筒脱粒损失率与脱粒间隙、喂入量关系显著，短纹杆－板齿滚筒脱粒损失率对喂入量、脱粒间隙、脱粒线速度等参数较钉齿滚筒更不敏感，适应性更好。

同样可得短纹杆－板齿脱粒滚筒各因素与脱粒损失率的回归方程：

$$Y_{sl} = -3.409\,740 + 0.299\,460x_2 + 8\,908.649\,051x_1^2 - 0.003\,600x_2^2 +$$
$$0.144\,989x_3^2 - 7.064\,060x_1x_2 - 14.530\,679x_1x_3 - 0.018\,885x_2x_3$$

$$(5\text{-}9)$$

式中:Y_{sl} 为脱粒损失率;x_1 为脱粒间隙;x_2 为脱粒线速度;x_3 为喂入量。

经检验,该回归方程的 F 值为 254.888 4,显著水平 $P = 0.048\ 2 < 0.05$。同样很容易得到回归模型的决定系数 $R^2 = 0.999\ 7$。此结果表明回归数学模型有效且显著。

当脱粒线速度 x_2 为 24 m/s 时,短纹杆 – 板齿脱粒滚筒脱粒损失率 Y_{sl} 与脱粒间隙 x_1、喂入量 x_3 的关系曲面图如图 5-20 所示。

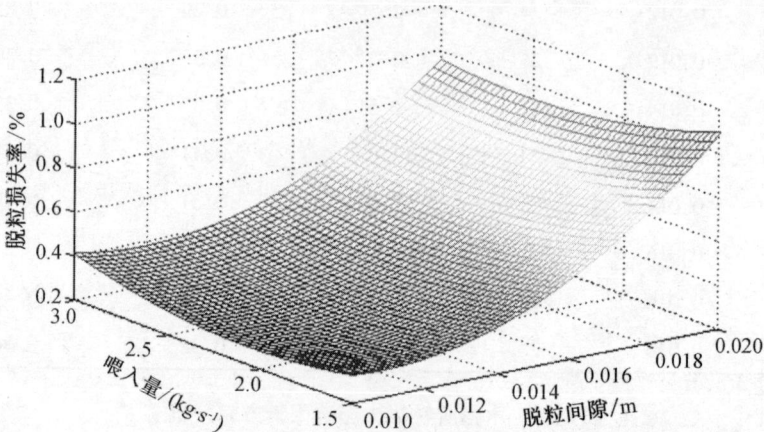

图 5-20 脱粒间隙、喂入量与水稻脱粒损失率的关系

从图 5-20 可以看出,随着脱粒间隙的增加,短纹杆 – 板齿滚筒脱粒损失率迅速上升;当脱粒间隙保持不变时,短纹杆 – 板齿滚筒脱粒损失率与喂入量呈非线性关系,在喂入量为 2 kg/s 左右时存在最小值。因此,在 2 kg/s 喂入量时,尽可能减小脱粒间隙,将有助于减少短纹杆 – 板齿滚筒脱粒损失率。

5.2.3 低损伤单滚筒脱粒装置水稻脱粒参数优化

脱粒分离装置作为联合收获机的核心工作部件,其脱粒分离质量的好坏直接影响整机的工作性能。脱粒分离装置性能指标包括标准损伤指数增量、脱出物中杂余量、脱粒损失率和功耗。当脱粒间隙、滚筒线速度或喂入量发生变化时,这四者之间变化并不一致,而且存在矛盾。一个高质量的脱粒分离装置,应在保证脱粒损失率较小的情况下,尽可能减少对稻谷的损伤和脱出物中的杂余量,减轻茎秆破碎程度,降低功率消耗。

利用 Matlab R2008a 优化工具箱中的 fgoalattain 函数求解多目标优化问题。假设多目标优化问题的数学模型为

$$\min_{x,\gamma} \gamma$$

$$F(x) - weight * \gamma \leqslant goal$$

$$c(x) \leqslant 0$$

$$ceq(x) = 0$$

$$A * x \leqslant b$$

$$Aeq * x = beq$$

$$lb \leqslant x \leqslant ub$$

式中：x，$weight$，$goal$，b，beq，lb，ub 为矢量；A 和 Aeq 为矩阵；$c(x)$，$ceq(x)$，$F(x)$ 为函数，可以是非线性函数。其中，矩阵 A 和矢量 b 为线性不等式约束的系数和对应的右端项；矩阵 Aeq 和矢量 beq 分别为线性方程约束的系数和对应的右端项；x 为设计变量，$c(x) \leqslant 0$ 为非线性不等式约束，$ceq(x) = 0$ 为非线性等式约束；lb，ub 为设计变量的变化范围的下界和上界。

$fgoalattain$ 函数的调用格式为[139]

$$[x, fval, attainfactor, exitflag] =$$

$$fgoalattain(fun, x0, goal, weight, A, b, Aeq, beq, lb, ub)$$

格式中，输入部分：fun 为目标函数；$x0$ 为初值；$goal$ 为 fun 达到的指定目标；$weight$ 为参数指定权重；A，b 为线性不等式约束的矩阵与向量；Aeq，beq 为等式约束的矩阵与向量；lb，ub 为变量 x 的上、下界向量。

输出部分：x 返回最优解；$fval$ 返回解 x 处的目标函数值；$attainfactor$ 返回解 x 处的目标达到因子；$exitflag$ 描述计算的退出条件。

由以上分析得到的回归数学模型构造短纹杆–板齿脱粒装置的 fun 函数如下：

$$Y_{ss} = 22.430\ 417 - 826.875x_1 - 1.181\ 979x_2 - 1.756\ 667x_3 +$$
$$28\ 750x_1^2 + 0.042\ 031x_2^2 - 29.375x_1x_2 + 123.75x_1x_3$$

$$Y_{sz} = 39.986\ 250 - 222.291\ 667x_1 - 3.098\ 854x_2 + 5.370\ 000x_3 -$$
$$3\ 333.333\ 333x_1^2 + 0.061\ 719x_2^2 + 31.041\ 667x_1x_2 - 350.416\ 667x_1x_3$$

$$Y_{sw} = -23.707\ 664 + 2\ 972.568\ 508x_1 + 1.345\ 907x_2 + 30\ 102.762\ 805x_1^2 +$$
$$0.016\ 250x_2^2 - 1.513\ 046x_3^2 - 205.929\ 919x_1x_2 + 0.389\ 178x_2x_3$$

$$Y_{sl} = -3.409\ 740 + 0.299\ 460x_2 + 8\ 908.649\ 051x_1^2 - 0.003\ 600x_2^2 +$$
$$0.144\ 989x_3^2 - 7.064\ 060x_1x_2 - 14.530\ 679x_1x_3 - 0.018\ 885x_2x_3$$

式中:Y_{ss}为标准损伤指数增量;Y_{sz}为脱出物中杂余量,%;Y_{sw}为功耗,kW;Y_{sl}为脱粒损失率,%;x_1为脱粒间隙,m;x_2为脱粒线速度,m/s;x_3为喂入量,kg/s。

约束条件为

初始值 $x0 = [0.014, 22.0, 2.5]$;$goal = [25.2, 8.64, 9.8, 0.37]$,$weight = abs(goal)$,$A = [\ ]$,$b = [\ ]$,$Aeq = [\ ]$,$beq = [\ ]$,$lb = [0.01, 20.0, 2.0]$;$ub = [0.02, 30.0, 4.0]$。

利用 Matlab R2008a 中的优化工具箱进行优化可得到

$$x = [0.014\ 2, 21.19, 2.000\ 0]$$

$$fval = [1.474\ 7, 8.334\ 9, 8.867\ 5, 0.356\ 9]$$

$$attainfactor = -0.035\ 3$$

$$exitflag = 5$$

这表明重要方向导数小于规定的容许范围且约束违背小于 options. Tol-Con,即滚筒脱粒间隙为 14.2 mm、脱粒线速度为 21.19 m/s、喂入量为 2.0 kg/s 时脱粒装置的工作性能最高,此时标准损伤指数增量 $Y_{ss} = 1.474\ 7$,脱出物中杂余量 $Y_{sz} = 8.334\ 9\%$,功耗 $Y_{sw} = 8.867\ 5$ kW,脱粒损失率 $Y_{sl} = 0.356\ 9\%$。

在滚筒脱粒间隙为 14.2 mm、脱粒线速度为 21.19 m/s、喂入量为 2.0 kg/s 工况下进行台架试验进行验证,试验重复 3 次取平均值,结果为:标准损伤指数增量 $Y_{ss} = 1.546\ 7$,脱出物中杂余量 $Y_{sz} = 8.61\%$,功耗 $Y_{sw} = 8.4$ kW,脱粒损失率 $Y_{sl} = 0.33\%$。与优化结果非常接近,误差 ≤8%,表明优化的结果是可靠的。

5.2.4 低损伤单滚筒脱粒装置田间试验

将研制的低损伤脱粒装置——短纹杆–板齿单滚筒脱粒装置(见图 5-21)移植到江苏沃得农业机械有限公司生产的 4LYB1–2.0 型联合收获机上,进行水稻田间试验,并检测其性能。该机主要由伸缩割台、输送槽、脱粒装置、清选装置、粮箱、出谷搅龙、二次杂余搅龙、行走底盘与操纵系统等组成。

依据 GB/T 8097—1996《收获机械 联合收获机 试验方法》,在江苏镇江

对装有短纹杆 – 板齿脱粒装置的 4LYB1 – 2.0 型稻麦油联合收获机进行了水稻田间性能检测,主要试验条件和测试结果如表 5-12 所示,田间收获现场及收获的稻谷如图 5-22 和图 5-23 所示。

图 5-21   短纹杆 – 板齿脱粒装置

表 5-12   测试条件和结果

项目	数值	项目	数值
时间	2006 年 11 月 11 日	茎秆含水率/%	62.12
测试地点	江苏镇江丹徒区荣炳镇汪甲村	籽粒含水率/%	23.08
水稻品种	武粳 15	割幅/mm	1 900
种植方式	机插秧	喂入量/(kg·s⁻¹)	2.12
作物状态	成熟度一致,无倒伏	行走速度/(m·s⁻¹)	0.92
作物自然高度/mm	784	生产率/(hm²·h⁻¹)	0.49
千粒重/g	32.45	总损失率/%	0.95(≤3.0)
产量/(kg·hm⁻²)	9 187.5	破碎率/%	0.30(≤2.0)
草谷比	1.46	含杂率/%	0.82(≤2.0)

注:括号内的数值要求为优等品标准。

图 5-22   水稻田间收获

图 5-23   收获的稻谷

第6章 水稻切纵流双滚筒脱粒分离装置的设计

横轴流单滚筒脱粒分离装置结构简单、紧凑,脱粒性能较好,但受横向空间位置限制,脱粒滚筒不能太长,脱粒和分离能力受到限制。横置切流滚筒与纵置轴流滚筒组合式结构是一种将切流滚筒和纵轴流滚筒有机结合的高效脱粒分离装置。近年来,国内外在全喂入水稻联合收获机新型脱粒分离原理和技术研究方面取得了长足进步,涌现出了以切流与轴流组合式脱粒分离技术为代表的一大批新型脱粒分离装置,相关研究得到了收获机械领域学者的广泛关注。

6.1 典型脱粒分离装置的结构特点

（1）切流脱粒与键式逐稿器分离装置

欧美发达国家的传统全喂入脱粒分离装置大多采用多级切流脱粒装置与键式逐稿器分离装置,其中多级切流脱粒装置通常包括 2～3 个切流脱粒滚筒,这些滚筒高低错落排布,以提高水稻脱净率,降低未脱净损失,同时使得一部分物料透过分离凹板落在预清选板上,减轻后续键式逐稿器分离物料的负担。为了提高逐稿器的分离能力,近年来欧美许多公司在键式逐稿器上方增加了一个挑松辅助轮或挑拨齿,如图 6-1 所示。该装置起到疏松脱出物茎秆的作用,增强籽粒透过茎秆层的能力,降低夹带损失。CLAAS 公司 LEXION670 型、John Deere 公司 W210（1076）型、New Holland 公司 CR540 型联合收获机等均采用了该装置。

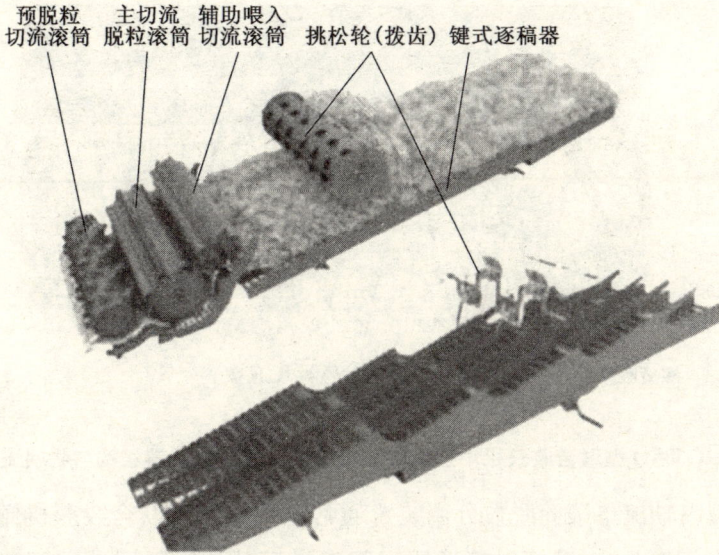

预脱粒　主切流　辅助喂入
切流滚筒　脱粒滚筒　切流滚筒　挑松轮(拨齿)　键式逐稿器

图 6-1　LEXION670 型联合收获机带挑松轮(拨齿)的键式逐稿器

切流脱粒与键式逐稿器分离装置在收获含水率高的作物时,一方面,脱出物中籽粒穿过茎秆层实现分离的时间较长,为了提高其分离能力,需要相应增加逐稿器的尺寸,这样使得机器的整体尺寸也要相应增加,给机器的制造、运输带来了困难;另一方面,逐稿器的往复运动是一个振动源,使得整机振动增大,降低了机器的使用寿命和乘坐舒适性。因此,该脱粒分离装置已受到许多新技术的挑战。

(2) 小型纵轴流单滚筒脱粒分离装置

日本久保田(Kubota)公司 PRO688Q 型、美国 John DeereR40 型等喂入量 2~3 kg/s 的小型履带式联合收获机采用了纵向配置(滚筒轴向与机器的前进方向相同)轴流单滚筒脱粒分离技术。该装置主要包括螺旋喂入叶片、轴流杆齿脱粒滚筒、栅格式分离凹板和顶盖,如图 6-2 所示。

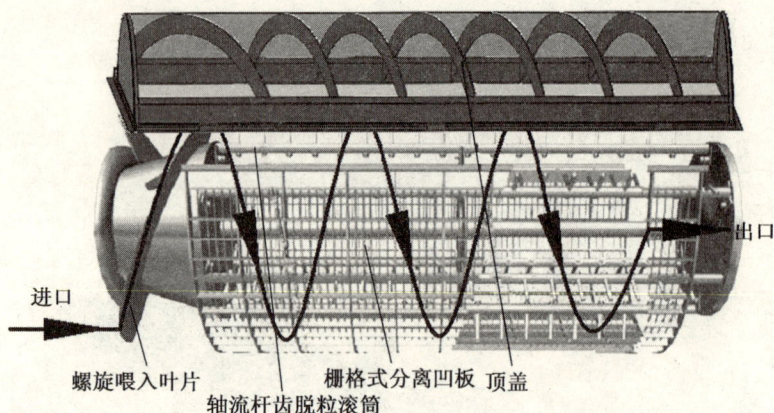

进口

螺旋喂入叶片　　　　栅格式分离凹板　顶盖
　　　轴流杆齿脱粒滚筒

出口

图 6-2　PRO688Q 型联合收获机小型纵轴流单滚筒脱粒分离装置结构与物料流动示意图

小型纵轴流单滚筒脱粒分离装置通常直接布置在联合收获机倾斜输送器的后方。作业时,沿倾斜输送器底部直线运动的物料层在螺旋喂入叶片的强制抓取下从纵轴流复脱滚筒的底部沿轴向喂入到杆齿脱粒滚筒中。高速旋转的螺旋喂入叶片对作物的推送能力远大于倾斜输送器,有利于将喂入纵轴流复脱装置的作物层迅速拉薄,避免堵塞。进入脱粒装置的作物,在轴流杆齿脱粒滚筒、栅格式分离凹板和顶盖的联合作用下以螺旋运动方式逐步完成脱粒和分离。

小型履带式联合收获机上的纵轴流单滚筒脱粒分离装置,对于泥角较深、喂入量为 2～3 kg/s 的水稻机械化收获具有较好的适应性,但对于田块较硬、成片面积大等收获条件较好的大规模机械化收获时,小型纵轴流单滚筒脱粒分离装置的作业效率明显不足。

（3）大型纵轴流单滚筒脱粒分离装置

CASE 公司的 AXIAL – FLOW ROTOR(AFX)系列联合收获机采用大型纵轴流单滚筒脱粒分离装置,如图 6-3 所示。该装置主要包括导流罩、螺旋喂入叶片、纵轴流复脱滚筒、可分离顶盖和分离凹板等,其独到之处在于,位于纵轴流复脱滚筒前方的锥形导流罩和螺旋喂入叶片形成了强大的轴流吸运系统,除了能将倾斜输送器提供的具有一定厚度的作物流从 8 km/h 加速到 100 km/h 以外,同时每秒能将约 0.5 m³ 的空气和灰尘吸入滚筒并向后方吹送,增强了倾斜输送器与脱粒滚筒交接口的物料输送能力。

导流罩　螺旋喂入叶片　可分离顶盖　纵轴流复脱滚筒　分离凹板

CROP FLOW

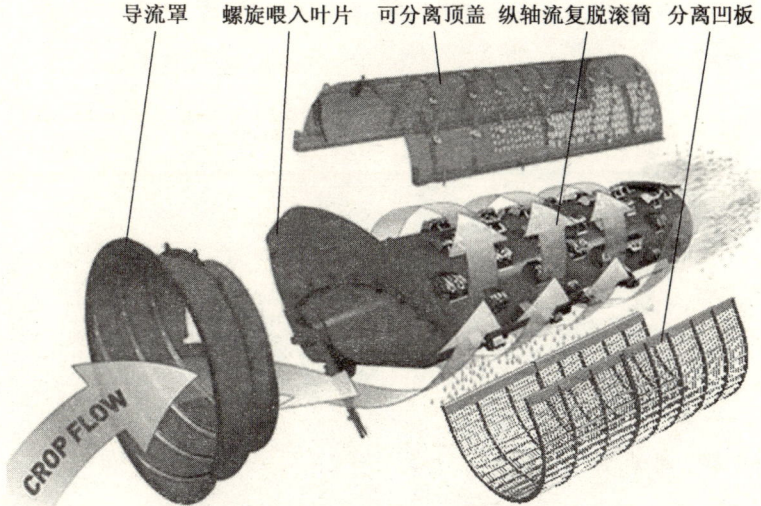

图6-3　AFX7230型纵轴流单滚筒脱粒分离装置结构与物料流动示意图

作业时,作物喂入纵轴流滚筒后一面随滚筒做旋转运动,一面又沿着滚筒的轴向移动完成脱粒,其中纵轴流复脱滚筒的前段(脱粒段)主要用于完成籽粒的脱粒与大部分籽粒的分离,滚筒后段为分离段,主要用于完成剩余籽粒的分离。其脱粒元件为多种形式的异型短纹杆,适合更恶劣和潮湿条件下作物的收获。可分离顶盖和分离凹板形成了360°分离系统,增加了脱粒装置的分离面积,同时有利于作物压力的平稳控制,安装在顶盖上的可调导流叶片保证了作物脱粒时间的调整要求,从而更好地保障了脱粒和分离性能。

与横轴流脱粒分离装置相比,纵轴流单滚筒脱粒分离装置的优点是滚筒的纵向放置,使得其长度更长,脱粒行程大。其缺点是作物由倾斜输送器靠惯性作用从纵轴流滚筒下方喂入脱粒装置,收获潮湿长茎秆作物时,如果设计不合理,在倾斜输送器与纵轴流滚筒螺旋喂入叶片的交接处,容易发生堵塞,且功耗较大。

(4) 纵轴流双滚筒脱粒分离装置

New Holland公司的CR9000系列联合收获机采用的纵轴流双滚筒脱粒分离装置(Twin Rotor™ technology)是解决大喂入量收获的另一种方案。该装置主要包括两套螺旋喂入叶片、两套纵轴流滚筒、分离凹板和顶盖,如图6-4所示(图中去除了顶盖)。该装置的特点在于,两套螺旋喂入叶片和两套纵轴流复脱滚筒均相对转动,完成作物的脱粒与分离。

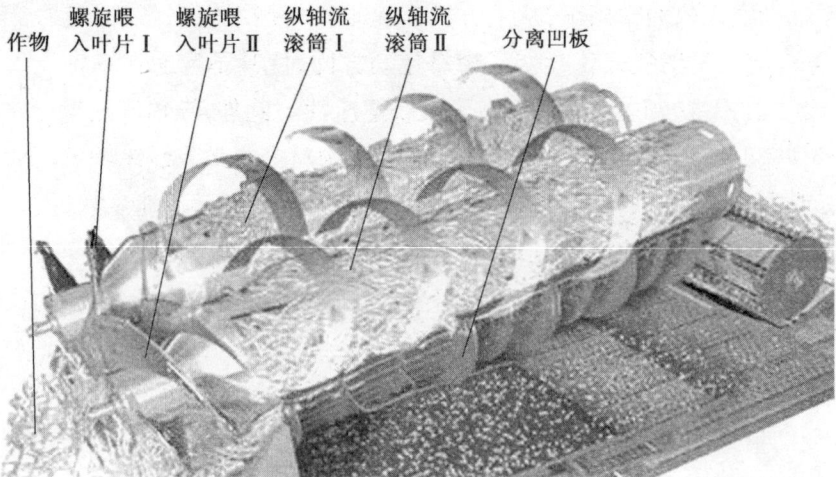

图6-4　CR9060联合收获机纵轴流双滚筒脱粒分离装置结构与物料流动示意图

（5）切流单滚筒－辅助喂入－纵轴流单滚筒脱粒分离装置

为了解决切流与纵轴流交接口堵塞的问题,John Deere公司在C100型联合收获机上采用了一种切流单滚筒－辅助喂入－纵轴流单滚筒组合式脱粒分离装置(CTS)。该装置主要包括切流滚筒、切流凹板、辅助喂入轮、螺旋喂入叶片、纵轴流滚筒、纵轴流凹板和纵轴流顶盖,如图6-5所示,其中辅助喂入轮位于切流初脱装置和纵轴流复脱装置之间。

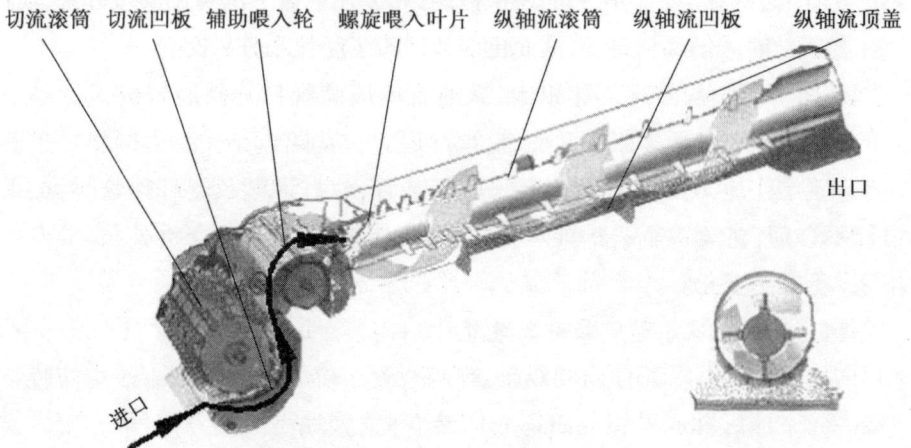

图6-5　C100型联合收获机的切流单滚筒－辅助喂入－纵轴

流单滚筒脱粒分离装置结构示意图

作业时,作物由倾斜输送器先进入切流初脱装置,经切流滚筒初步脱粒后,在辅助喂入轮的作用下,从上方进入纵轴流复脱装置做螺旋运动,实现脱粒和分离。辅助喂入轮改变了物料流动方向,使其不容易在纵轴流螺旋喂入叶片喂入口处形成堵塞,提高了收获适应性。此外,纵轴流板齿分离滚筒、纵轴流凹板和顶盖采用偏心配置,增强了物料分离效果。纵轴流滚筒与凹板间隙小,与顶盖间隙大,这样作物在凹板工作面内运动速度快,茎秆层被拉薄,加上板齿的梳刷和翻动,籽粒容易被分离出来,未脱净的作物在此处被再次脱粒;作物达到顶盖时,空间突然变大,由于离心力的作用,远离板齿而靠近顶盖内侧,板齿的梳刷变弱,物料的运动速度变慢,物料层松散,籽粒容易穿过茎秆层向外侧运动,同时茎秆顺着螺旋轴向后运动;当作物再次运动到凹板处时,脱粒间隙减小,物料层变薄,籽粒又开始再次分离,周而复始,不断循环,直至分离干净的茎秆排出机外。

(6) 切流双滚筒－辅助喂入(分流)－纵轴流单(双)滚筒脱粒分离装置

德国 ClAAS 公司在 TUCANO 470 型,LEXION 770 型等联合收获机上采用了一种 APS HYBRID 系统,即 APS 切流双滚筒脱粒系统和 ROTO PLUS 纵置轴流分离系统,用于解决潮湿、难脱、大喂入量作物收获问题。

该系统主要由切流双滚筒脱粒分离装置、辅助喂入(分流)装置和纵轴流单(双)滚筒分离装置组成,如图6-6所示。其中切流双滚筒脱粒装置主要包括切流预脱粒分离装置和切流脱粒分离装置,用来提高作物层厚较大时的脱粒效果,同时拥有更大面积的分离凹板,有利于籽粒尽早从秸秆层中分离出去。纵轴流单(双)滚筒分离装置主要用于籽粒分离,减少夹带损失,提高作业质量。位于多级切流脱粒分离装置和纵轴流分离装置之间的辅助喂入装置的作用是将物料由切流脱粒装置喂入纵轴流复脱装置,中间采用直叶片式结构加强对物料的推送能力,提高作物运动速度,满足大喂入量作物的顺畅输送要求。当纵轴流采用单滚筒分离装置时,辅助喂入装置采用正向螺旋叶片－直叶片－反向螺旋叶片结构,方便将切流装置抛送过来的物料向中间汇聚、收缩,使其与纵轴流单滚筒分离装置喂入口螺旋叶片抓取范围一致。当纵轴流采用双滚筒分离装置时,辅助喂入装置采用正向螺旋叶片－直叶片－反向螺旋叶片－正向螺旋叶片－直叶片－反向螺旋叶片组合结构,将切流装置抛送过来的物料分成两路,喂入纵轴流双滚筒中,提高抓取效果。

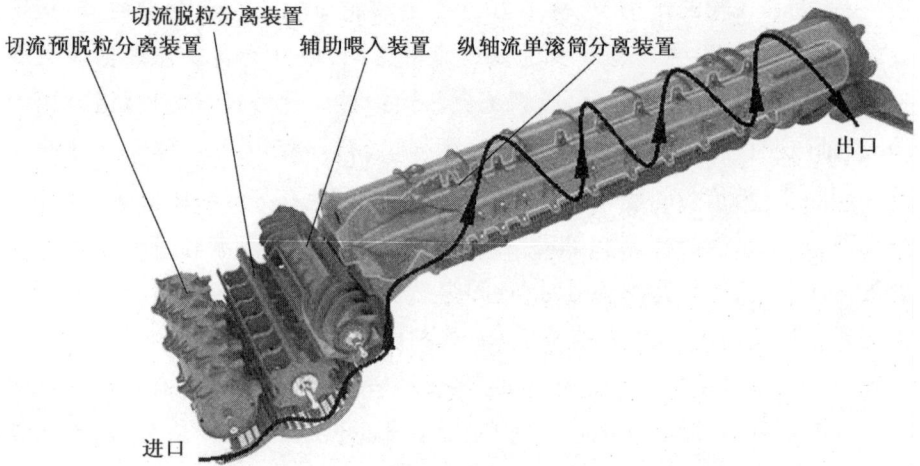

图6-6　TUCANO 470型联合收获机的切流双滚筒－辅助喂入－纵轴流单滚筒脱粒分离装置结构与物料流动示意图

作业时,作物从倾斜输送器率先进入切流预脱粒装置,部分易脱、成熟籽粒被脱下,难脱的籽粒在后续切流脱粒装置中基本脱粒完毕,同时部分籽粒通过切流预脱粒和切流脱粒滚筒下方的凹板分离出来落在抖动板上,更有利于清选作业。其次,从切流脱粒装置中抛出夹杂着籽粒的作物流在辅助喂入装置的梳理归拢分流下,从下方喂入纵轴流单(双)滚筒分离装置,作物运动轨迹变为螺旋运动,籽粒进一步从纵轴流凹板中分离出去。最后,剩余的长茎秆被排出机外。

（7）切横流双滚筒脱粒分离装置

我国水稻联合收获机主流企业星光农机的4LL－2.0D型、沃得飞龙、奇瑞重工4LZ－2.5Q型等采用了一种切横流双滚筒脱粒分离装置,如图6-7所示。

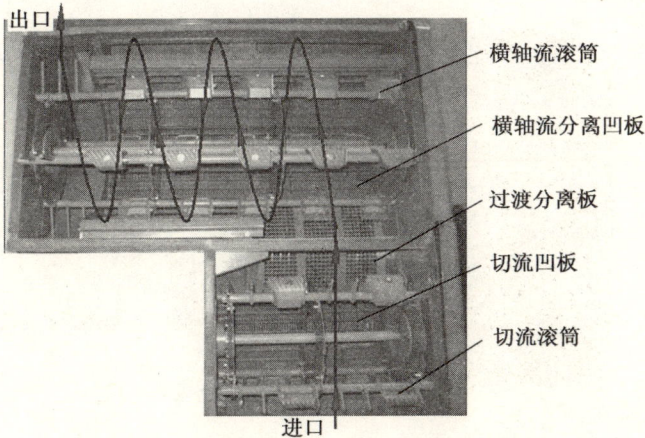

出口

横轴流滚筒

横轴流分离凹板

过渡分离板

切流凹板

切流滚筒

进口

图 6-7　4LL－2.0D 型联合收获机的切横流双滚筒脱粒分离装置结构与物料流动示意图

　　切横流双滚筒脱粒分离装置包括一个长度与倾斜输送器宽度相当的切流脱粒装置和一个横轴流脱粒分离装置。工作时,由倾斜输送器喂入的作物在切流脱粒装置的作用下,部分籽粒被脱粒,并从切流凹板分离出来,同时,作物在切流滚筒的抓取下,形成较薄的作物层,并被加速抛向横轴流脱粒装置的喂入口;在横轴流脱粒装置中,作物一边随着滚筒转动,一边沿着滚筒轴向运动完成后续的脱粒和分离。与横轴流单滚筒脱粒分离装置相比,增加的切流脱粒装置不仅实现了作物的部分脱粒和分离,还提高了作物进入横轴流脱粒装置的运动速度,解决了倾斜输送器与脱粒装置交接口堵塞难题。

　　(8)横轴流双滚筒脱粒分离装置

　　为进一步提高联合收获机的喂入量,沃得农机公司 DR50 型、福田 RF40 型等联合收获机采用了一种横轴流双滚筒脱粒分离装置。该装置主要由两个横向平行布置的轴流脱粒分离装置组成,如图 6-8 所示。

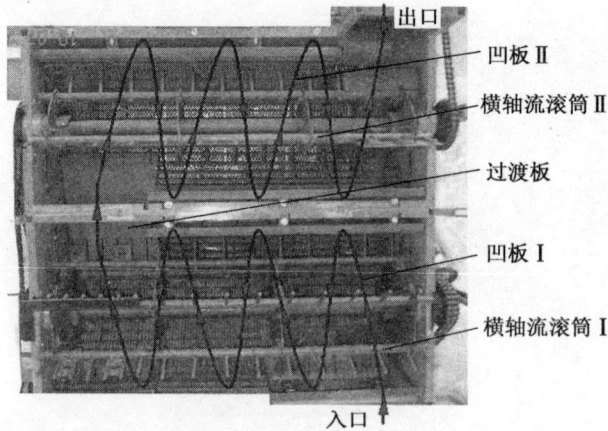

图 6-8　DR50 型联合收获机的横轴流双滚筒脱粒分离装置结构与物料流动示意图

横轴流双滚筒脱粒分离装置的特点在于,前后两个并排的横轴流滚筒采用串联结构,滚筒转动方向相同,顶盖导草板螺旋方向相反。机器作业时,由倾斜输送器喂入的作物,先进入第一个横轴流脱粒室,在跟随横轴流滚筒 I 转动和轴向移动的同时,完成部分脱粒和分离。当作物运动到横轴流滚筒 I 的排草段时,被抛入第二个横轴流脱粒室,同样作物跟随横轴流滚筒 II 向相反方向做螺旋运动完成剩余籽粒的脱粒和分离。显而易见的是,横轴流双滚筒脱粒装置的脱粒长度和分离面积比横轴流单滚筒脱粒分离装置增加了约一倍,可以满足较大喂入量水稻收获要求,但较长的脱粒行程会造成茎秆纤维化程度高,增加脱出物的杂余量。

6.2　切纵流双滚筒脱粒分离装置的设计

为了适应我国水稻主产区小田块、深泥脚等作业环境,研制的切纵流联合收获机采用了履带式行走底盘、HST 液压无级变速器及一杆操纵系统,转弯半径小、操纵灵活、通过性好。机器总体采用 L 型布局方式,如图 6-9 所示。割台位于机器的正前方,倾斜输送器位于机器左侧,切纵流脱粒分离装置及清选装置位于机器后方。驾驶座及其下方的发动机位于机器右侧,整机结构紧凑、重心配置合理。

拨禾轮　割台　操纵系统　输送槽　发动机　风机　振动筛　　纵轴流复脱分离装置

切流初脱分离装置　　　底盘　　　输粮搅龙　　　杂余搅龙

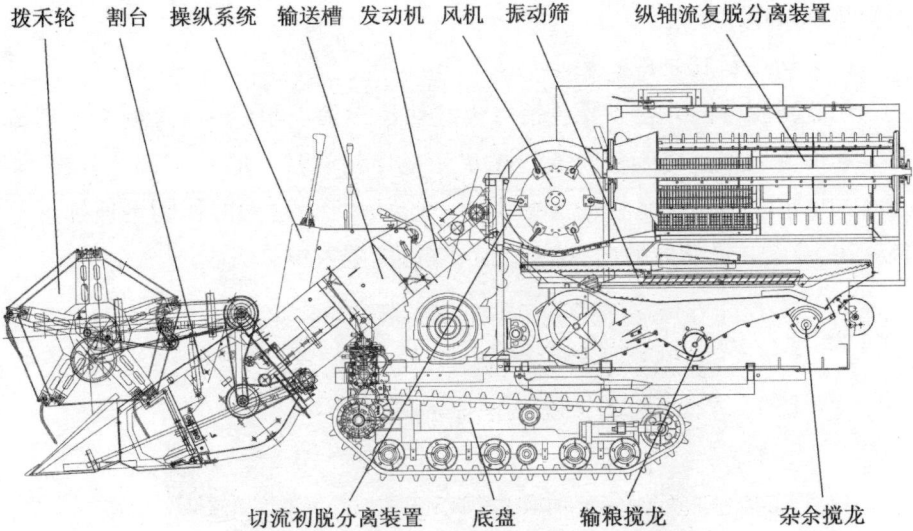

图6-9　履带式切纵流联合收获机总体布局

　　履带式切纵流联合收获机的脱粒分离装置主要包括切流初脱分离装置、纵轴流复脱分离装置及机架等,如图6-10所示。

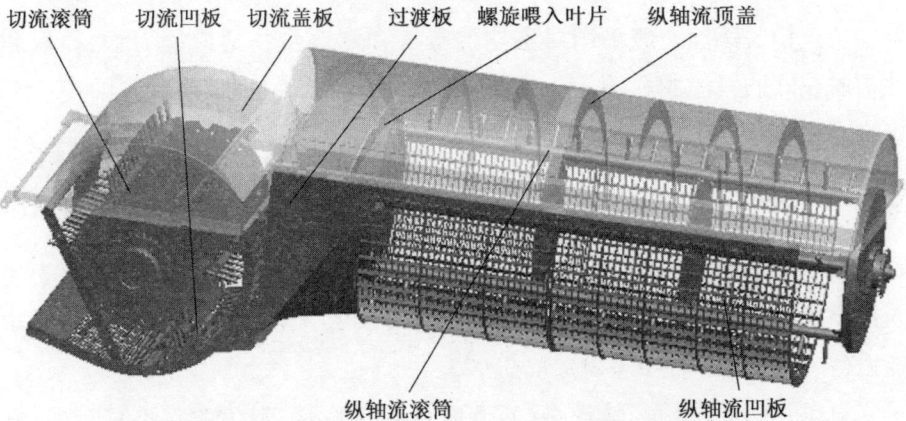

切流滚筒　切流凹板　切流盖板　　过渡板　螺旋喂入叶片　纵轴流顶盖

纵轴流滚筒　　　　　　　　纵轴流凹板

图6-10　切纵流双滚筒脱粒分离装置结构示意图

　　自然生长环境下,谷物脱粒的难易程度不仅因品种而异,而且同一穗头易脱和难脱谷粒的脱粒功几乎差20倍,因此切纵脱粒分离装置的设计理念是先易后难、顺序脱粒,即切流初脱分离装置实现60% ~80%成熟、易脱籽粒的脱粒及20% ~40%已脱下籽粒的分离,纵轴流复脱分离装置完成20% ~40%难脱籽粒的脱粒及60% ~80%自由籽粒的分离,大量长秸秆从纵轴流滚筒排草口抛出机外。

（1）切流初脱分离装置

切流初脱分离装置主要包括钉齿式切流滚筒（见图 6-11）、栅格式切流凹板和切流顶盖。切流初脱装置除了完成作物的初步脱粒和部分分离外，还有一个重要的作用是将输送槽中 4~6 m/s 直线运动的作物迅速加速至15~20 m/s，并沿切线抛向纵轴流滚筒端部的喂入螺旋头。

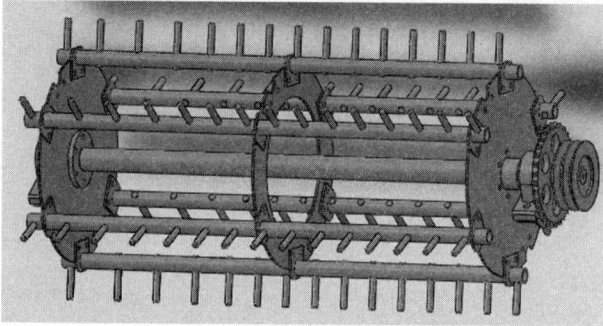

图 6-11　钉齿式切流初脱滚筒

切流初脱滚筒一般采用对不均匀喂入和潮湿作物适应能力强、抓取和冲击脱粒好的钉齿脱粒滚筒。切流滚筒钉齿总数 Z_q 按脱粒装置的生产率确定[94]，即

$$Z_q \geqslant \frac{(1 - \beta_c)q}{0.6q_d} = \frac{(1 - 0.7) \times 5 \times 80\%}{0.6 \times 0.025} \tag{6-1}$$

式中：q 为切流初脱装置喂入量，按最大喂入量 5 kg/s 的 80% 计算；β_c 为喂入作物谷草比（水稻谷草比一般为 0.4~1.0），取 0.7；q_d 为每个钉齿的脱粒能力（一般为 0.025~0.040），取 0.025。

考虑到切流滚筒与输送槽（宽 500 mm）的衔接，钉齿数量不宜过多，取Z_q 为 80。

切流钉齿脱粒滚筒长度 L_q[94] 为

$$L_q = a_q\left(\frac{Z_q}{k_q} - 1\right) + 2\Delta l_q = 35 \times \left(\frac{80}{3} - 1\right) + 2 \times 20 = 938.3 \text{ mm} \tag{6-2}$$

式中：a_q 为切流钉齿齿迹距（常用值 25~50 mm），取 35 mm；k_q 为切流钉齿螺旋头数（一般 2~5），取 3；Δl_q 为切流滚筒边齿距齿杆端部的距离（一般为

15～20 mm），取 20 mm。

因此，切流钉齿滚筒长度 L_q 取整数为 940 mm。

切流钉齿脱粒滚筒直径 D_q 为

$$D_q = D_{qg} + 2h_q \geqslant 300 + 2 \times 65 = 430 \text{ mm} \tag{6-3}$$

式中：D_{qg} 为齿杆处的直径，为了避免长度 800～1 000 mm 水稻脱粒时缠绕在齿杆上，其直径一般不小于 300 mm；h_q 为切流钉齿高度（一般 60～70 mm），取 65 mm。

考虑到脱粒滚筒常用直径系列为 450，550，600，650 mm，因此取切流钉齿脱粒滚筒直径 D_q 为 550 mm。

切流钉齿脱粒滚筒转速 n_q 为

$$n_q = 6 \times 10^4 \frac{v_g}{\pi D_q} \tag{6-4}$$

式中：v_g 为脱粒滚筒线速度，m/s。容易脱粒水稻的脱粒线速度 v_g 为 18～22 m/s，则可求得切流钉齿滚筒转速 n_q 为 625～764 r/min。

（2）纵轴流复脱分离装置

切流滚筒抛出的谷物在螺旋喂入头抓取下沿纵轴流复脱滚筒轴向喂入，在纵轴流复脱空间中做螺旋运动，最终由纵轴流滚筒末端沿切向排出。纵轴流复脱分离装置主要包括螺旋喂入头、纵轴流复脱滚筒（见图6-12）、纵轴流凹板和纵轴流顶盖。

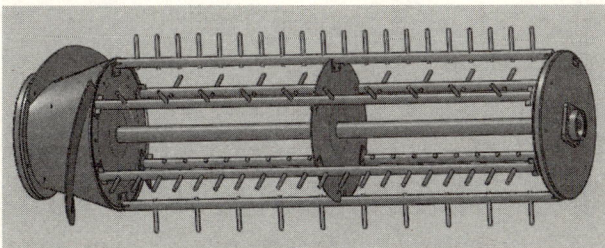

图6-12　杆齿式纵轴流复脱滚筒

螺旋喂入头的主要作用是将切流滚筒输送过来沿直线运动的谷物迅速推送、换向做螺旋运动。螺旋喂入头主体为两个螺旋喂入叶片，其高速旋转时，在过渡口（见图6-13）处形成向滚筒排草口运动的气流，有利于切流初脱分离装置中的谷物及已脱下但未分离的籽粒进入纵轴流复脱分离装置并向纵轴流排草口输送,增加了对已脱粒物料的轴向推送能力,减少了谷物在过渡区内的滞留时间。

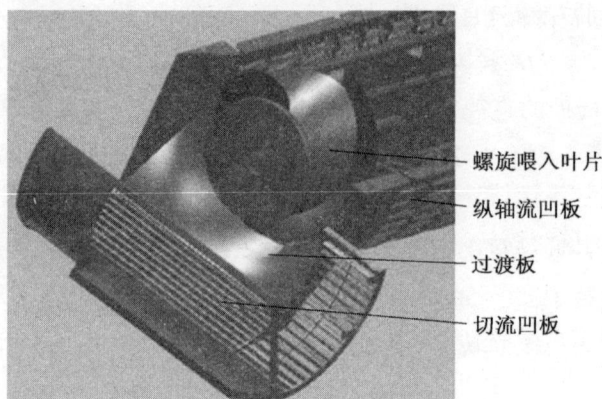

螺旋喂入叶片
纵轴流凹板
过渡板
切流凹板

图 6-13　切流初脱装置与纵轴流复脱装置过渡口结构图

纵轴流复脱分离装置要完成 60% ~ 80% 自由籽粒的分离。根据轴流脱粒分离装置的分离模型[140],当 $x = L_2$ 时,按脱粒率 0.5% 计算,可得到凹板筛累积分离籽粒量。计算公式如下:

$$s_S(x) = \frac{1}{\lambda - \beta} [\lambda(1 - e^{-\beta x}) - \beta(1 - e^{-\lambda x})], 0 \leqslant x \leqslant L_z \qquad (6-5)$$

式中:$s_S(x)$ 为凹板筛累积分离籽粒量,% ;x 为轴流滚筒轴向位置,m;L_z 为纵轴流凹板长度,m;λ 为轴流滚筒轴向任意一点 x 处相邻长度为 Δx 的凹板筛区域内,脱粒发生的概率与其中所含未被脱粒的籽粒量的比例系数,与脱粒装置的结构参数、运动参数及谷物的物理机械特性参数等有关;β 为轴流滚筒轴向任意一点处相邻长度为 Δx 的凹板筛区域内,籽粒从凹板筛分离出来的概率与其中自由籽粒(已脱粒但尚未分离的籽粒)量的比例系数,与脱粒装置的结构参数、运动参数及谷物的物理机械特性参数等有关。

当 $x = L_z$ 时,按脱粒损失率 0.5% 计算,则 $s_S(x) = 99.5\%$。

通过台架试验计算可得 $L_z = 1\ 192.5$ mm。

因此,取纵轴流滚筒长度为 1 200 mm。

同样,纵轴流复脱滚筒直径 D_z 为

$$D_z = D_{zg} + 2h_z \geqslant 300 + 2 \times 65 = 430 \text{ mm} \qquad (6-6)$$

式中:D_{zg} 为齿杆处的直径,一般不小于 300 mm;h_z 为纵轴流杆齿高度(一般

60 ~ 70 mm),取 65 mm。

考虑到纵轴流滚筒纵向布置,其直径方向尺寸不受限制,同时为了尽可能增大分离凹板的面积,取纵轴流复脱滚筒直径 D_z 为 650 mm。

纵轴流复脱滚筒转速 n_z 为

$$n_z = 6 \times 10^4 \frac{v_g}{\pi D_z} \tag{6-7}$$

式中: v_g 为脱粒滚筒线速度,m/s。难脱水稻的脱粒线速度 v_g 为 22 ~ 26 m/s,则可求得纵轴流滚筒转速 n_z 为 648 ~ 764 r/min。

第7章 切纵流脱粒装置功耗模型与功耗测试系统设计

脱粒装置功率消耗是联合收获机整机功耗最重要的部分之一,约占总功耗的70%以上。建立切纵流脱粒装置的功耗模型,进行功耗测试系统设计,通过试验获得功耗模型中的相关系数,可以用来指导整机的动力分配。

7.1 切纵流脱粒装置功耗模型

脱粒装置的功耗主要包括脱粒滚筒的空载功耗和净脱粒功耗两部分。脱粒滚筒空载功耗 P_k 是指在空载条件下维持纵脱粒滚筒特定转速时的功耗。根据郭略契金及卡那沃依斯基等的研究,脱粒滚筒(即本章的切流和纵轴流滚筒)空载功耗 P_k 可表示为[140]

$$P_k = A_r \omega + B_r \omega^3 \tag{7-1}$$

式中:ω 为纵轴流滚筒角速度;A_r 为与轴承种类、传动方式等因素有关的系数;B_r 为与滚筒转动时的迎风面积等因素有关的系数。

由式(7-1)可得脱粒滚筒在空载中受到的阻力矩 M_k 为

$$M_k = A_r + B_r \omega^2 \tag{7-2}$$

由于在 Δt 时间内,进入脱粒空间的物料流量等于流出脱粒空间的水稻流量,否则脱粒室内就会发生断流或堵塞,因此,在物料连续均匀喂入时,可假设物料在脱粒空间内做定常连续流动。根据郭略契金、卡那沃依斯基及张认成等学者的研究,脱粒滚筒净脱粒功耗 P_c 可表示为

$$P_c = \xi \frac{qv^2}{1-f} \tag{7-3}$$

式中:P_c 为脱粒滚筒的净脱粒分离功耗,kW;q 为单位时间物料喂入量,m/s;

v 为脱粒滚筒圆周速度，m/s；f 为物料通过脱粒间隙时的综合搓擦系数；ξ 为修正系数。

物料在均匀连续喂入时，脱粒滚筒处于脱粒平衡状态，根据力矩平衡条件可得

$$M_r - M_k - \xi \frac{qvR}{1-f} = J_r \frac{d\omega}{dt} \tag{7-4}$$

式中：M_r 为输入脱粒滚筒的扭矩，N·m；M_k 为脱粒滚筒在空载中受到的阻力矩，N·m；J_r 为脱粒滚筒的转动惯量，kg·m²；ω 为脱粒滚筒转动的角速度，°/s；t 为脱粒时间，s；R 为脱粒滚筒的半径，m。

在式(7-4)两边同时乘以角速度 ω，可得

$$(M_r - M_k)\omega - \xi \frac{qv^2}{1-f} = J_r \omega \frac{d\omega}{dt} \tag{7-5}$$

式(7-1)至式(7-5)整理可得

$$P_r - (A_r\omega + B_r\omega^3) - \xi \frac{qv^2}{1-f} = J_r \omega \frac{d\omega}{dt} \tag{7-6}$$

式中：P_r 为联合收获机中间轴输入脱粒滚筒的功耗。

① 当 $q=0$，即未喂入物料之前或停止物料喂入时，由式(7-6)可得

$$P_r - A_r\omega - B_r\omega^3 = J_r \omega \frac{d\omega}{dt} \tag{7-7}$$

联合收获机中间轴输入脱粒滚筒的功耗被用来克服脱粒滚筒的空运转阻力，并使脱粒滚筒增速，随转速增高阻力矩增大，ω 增大到一定值后 $M_r - M_k = 0$，则 $d\omega/dt = 0$，ω 保持稳定，即 $P_r - A_r\omega - B_r\omega^3 = 0$。

② 当 $q=$ 常量，即物料均匀连续喂入时，$d\omega/dt = 0$，脱粒滚筒运转平衡，由式(7-6)可得

$$P_r - A_r\omega - B_r\omega^3 - \xi \frac{qv^2}{1-f} = 0 \tag{7-8}$$

在物料均匀连续喂入时，在 t 时间内脱粒滚筒的机械效率 η 为

$$\eta = \frac{\int_0^t P_c(t)\,dt}{\int_0^t P_k(t)\,dt + \int_0^t P_c(t)\,dt} \tag{7-9}$$

7.2 切纵流脱粒装置功耗测试系统设计

为了研究切纵流联合收获机实际作业状态下脱粒装置的功耗变化,综合考虑构建的测试系统经济性、田间可操作性,开发了切纵流联合收获机的载荷测试系统。该载荷测试系统采用了江苏东华测试技术股份有限公司5905 无线通信模块,包括电阻应变片、扭矩采集模块、电源模块、无线路由器、霍尔传感器、转速采集模块和动态信号采集分析软件等,如图 7-1 所示。

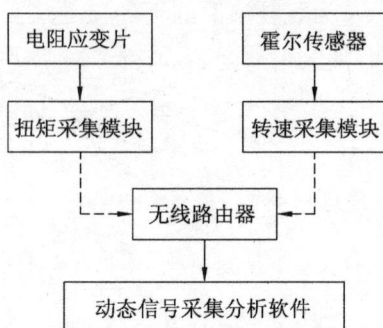

图 7-1 载荷测试系统信号流程

系统采用的 Wi-Fi 无线通信技术可进行数据实时传输,具有田间试验适应性好、工作可靠稳定等特点。该系统由锂电池组供电,可以持续工作 8 h。当测试系统工作时,采集模块通过电阻应变片可获得转动轴的实时扭矩信号,该信号被无线发射到无线路由器中,由动态信号采集分析软件接收。同时通过霍尔转速传感器转动轴的实时转速变化也被同步采集并传送到转速采集模块,再通过无线路由器传输到动态信号采集分析软件。转速信号和扭矩信号同步信号通过运算可获得该转动轴的实时功耗,最高的采样频率为 4 kHz。

7.2.1 扭矩测试系统

切纵流双滚筒联合收获田间试验机的脱粒分离装置的动力传递路线如图 7-2 所示。发动机输出动力先传递到中间轴上,然后中间轴通过链条传动 C1 将动力传递到切流滚筒轴和辅助旋转轴,切流滚筒轴得到的动力一部分用于作物的初脱分离,还有一部分动力通过皮带传动 B1 传递到输送槽输入轴。辅助旋转轴将动力通过链条传动 C2 传递到直齿锥齿轮箱输入轴上,再由锥齿轮箱输出轴通过链条传动 C3 将动力传递到纵轴流滚筒轴,该动力用于纵轴流滚筒的复脱分离。其中切流滚筒链轮和纵轴流滚筒链轮有 3 组可以调换,能够实现转速的调节,使切流和纵轴流滚筒转速分别为 893/849,808/768,723/687 r/min。

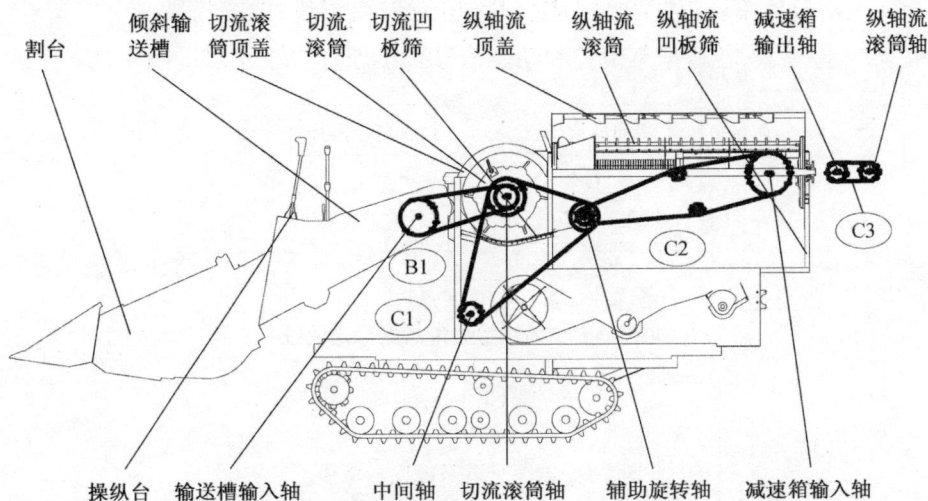

图 7-2　切纵流双滚筒试验样机动力传递图

考虑到在轴上贴片需要一定的空间位置,选择在中间轴、输送槽输入轴、切流滚筒轴和纵轴流滚筒轴上贴片和安装转速传感器来获得相应的功耗。通常在轴段外侧距输入链轮或者皮带轮的内侧 15 ~ 30 mm 处贴电阻应变片(型号 BE120 – 4AA(11),阻值 119.9 ± 0.1 Ω,中航工业电测仪器股份有限公司),然后将其连接成桥路接到扭矩采集模块和电源模块,再用硅橡胶 704 将应变片和连接线密封。放置 1 ~ 2 d 后对其进行静态标定,每次重复 3 组,隔 2 d 再进行标定,确定标定系数没有变化。

对标定数据中的扭矩 T 和输出电压 U 运用最小二乘法求比例系数:

$$a = \frac{\sum\limits_{i=1}^{k}(T_i - \overline{T})(U_i - \overline{U})}{\sum\limits_{i=1}^{k}(T_i - \overline{T})^2} \tag{7-10}$$

式中：T_i 为标定的扭矩值，N·m；U_i 为该扭矩值对应的输出电压值，mV；$\overline{T}$ 为标定扭矩的算术平均值，N·m；$\overline{U}$ 为输出电压的平均值，mV；a 为比例系数，mV/（N·m）。

中间轴、输送槽、切流滚筒轴和纵轴流滚筒轴扭矩传感器的标定曲线如图 7-3 至图 7-6 所示。

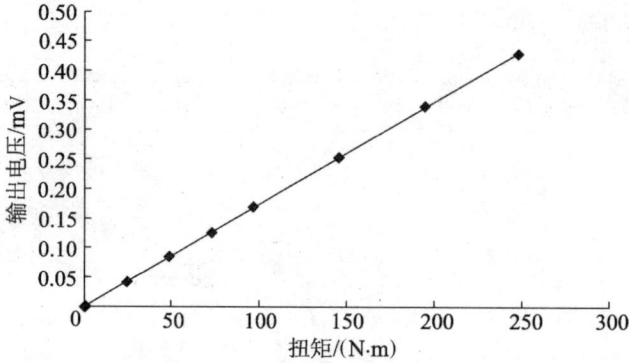

图 7-3　中间轴扭矩传感器标定曲线

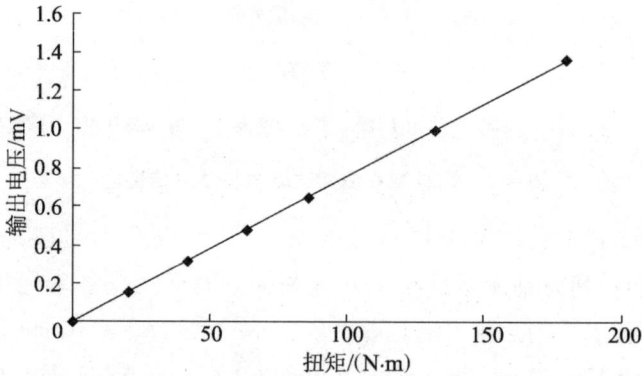

图 7-4　输送槽扭矩传感器标定曲线

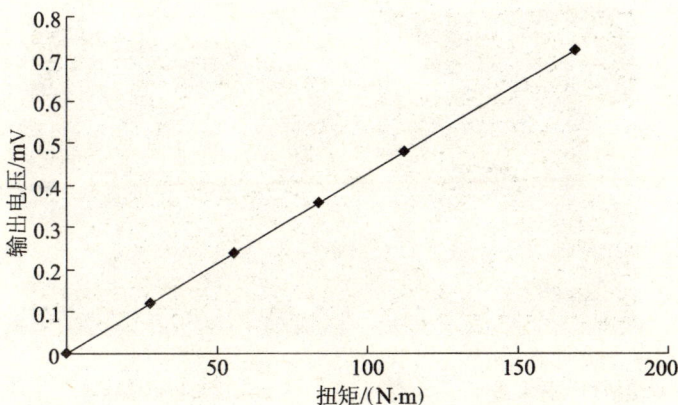

图 7-5 切流滚筒轴扭矩传感器标定曲线

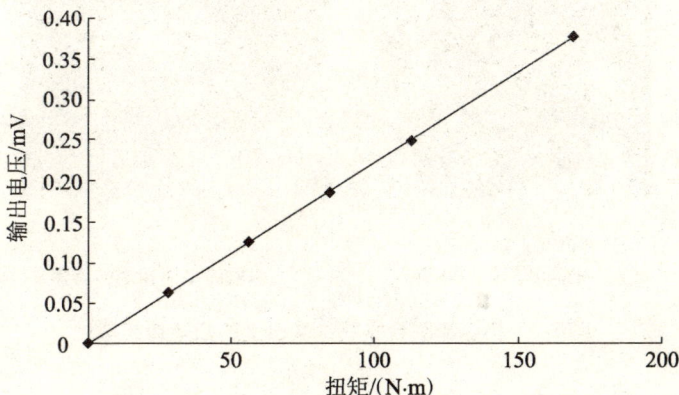

图 7-6 纵轴流滚筒轴扭矩传感器标定曲线

通过对静态标定数据的处理,得到中间轴、输送槽输入轴、切流滚筒轴和纵轴流滚筒轴标定曲线方程,分别为 $Y = 0.001\ 748X + 0.001\ 322$,$Y = 0.007\ 553X - 0.006\ 572$,$Y = 0.004\ 249X + 0.005\ 187$,$Y = 0.002\ 243X + 0.003\ 428$,即中间轴、输送槽输入轴、切流滚筒轴和纵轴流滚筒轴的比例系数 a 分别为 $0.001\ 75$,$0.007\ 55$,$0.004\ 25$,$0.002\ 24\ \text{mV}/(\text{N}\cdot\text{m})$,$R^2$ 为 $0.996\ 2 \sim 0.999\ 9$,可以认为趋势线的可靠性较高。

将标定后的传感器安装到切纵流联合收获试验机上,如图 7-7 所示。

输送槽扭矩传感器　　　　　　　切流滚筒扭矩传感器

中间轴扭矩传感器　　　　　　　纵轴流滚筒扭矩传感器

图 7-7　切纵流联合收获试验机上的扭矩传感器

7.2.2　转速测试系统

转速传感器的类型主要有变磁阻式转速传感器、光电式转速传感器、霍尔转速传感器和电容式转速传感器等。为保证转速传感器的安装精度与测试精度，并使其支架轻巧，选用霍尔转速传感器（型号 CHE12 – 10NA – H710（NJC5002C）），将其固定在支架上，支架焊接在对应轴的外端机架上，如图7-8 所示。

支架　霍尔转速传感器

图 7-8　转动轴外端霍尔传感器的安装

将同步采集得到的扭矩和转速信号进行实时计算,可得转动轴的实时功耗

$$P = \frac{Un}{9\ 549a} \tag{7-11}$$

式中: U 为中间轴、过桥轴、切流滚筒、纵轴流滚筒轴所受扭矩在东华 5905 测试软件里面的输出电压值,mV; n 为与输出电压值相对应轴的转速,r/min; P 为转动轴瞬时功耗,kW。

第8章 切纵流双滚筒脱粒
分离模型与试验

脱粒分离过程中谷物先进行脱粒,脱下的籽粒穿过茎秆层到达凹板内表面,然后通过凹板栅格实现分离,可见各籽粒在凹板的任一位置被脱粒或分离是随机的。如果每个籽粒在喂入前所处状态是等可能的,那么各籽粒在凹板的任一位置处是否被脱粒或分离也是等可能的。为了研究切纵流脱粒分离装置的工作过程,从概率的角度建立了切流滚筒和纵轴流滚筒脱粒分离模型,并做如下假设[140]:

① 在切流滚筒或纵轴流滚筒凹板筛内表面上任意一点处相邻任意小区域内,各籽粒被脱粒和分离的概率相等。

② 在切流滚筒或纵轴流滚筒凹板筛内表面上任意一点处的相邻任意小区域内,籽粒脱粒发生的概率与其中所含未被脱粒的籽粒量成正比,比例系数是该处滚筒的结构、运动参数及谷物物理机械特性参数的函数。

③ 在切流滚筒或纵轴流滚筒凹板筛内表面上任意一点处的相邻任意小区域内,籽粒从凹板栅格分离出来的概率与其中的自由籽粒(已脱粒但未分离的籽粒)量成正比,比例系数是该处滚筒的结构、运动参数及谷物物理机械特性参数的函数。

8.1 切流初脱分离模型

根据以上假设,水稻在切流初脱分离装置内被脱粒分离的概率被描述为

$$\frac{\mathrm{d}y}{\mathrm{d}l} = k(1-y) \tag{8-1}$$

$$\frac{\mathrm{d}z}{\mathrm{d}l} = \mu(y - z) \tag{8-2}$$

式中 : y 为在凹板筛弧长 l 处累计已脱下的籽粒量 , % ; $\mathrm{d}y$ 为在凹板筛弧长 $\mathrm{d}l$ 上脱下的籽粒量 , % ; z 为在凹板筛弧长 l 处累计已分离出的籽粒量 , % ; $\mathrm{d}z$ 为在凹板筛弧长 $\mathrm{d}l$ 上分离出的籽粒量 , % ; k 为脱粒系数 ; μ 为分离系数 ; l 为凹板筛弧长 , m。

脱粒系数 k 和分离系数 μ 与脱粒分离装置的结构参数、运动参数、喂入量和作物的状态有关。假设脱粒系数 k 和分离系数 μ 不随凹板筛弧长 l 改变 , 则由式 (8-1) 积分 , 并考虑到 $l = 0$ 时 $y = 0$, 可得

$$y = 1 - \mathrm{e}^{-kl} \tag{8-3}$$

将式 (8-3) 代入式 (8-2) 得

$$\frac{\mathrm{d}z}{\mathrm{d}l} + uz = u(1 - \mathrm{e}^{-kl}) \tag{8-4}$$

解方程式 (8-4) 并代入初始条件 $l = 0$ 时 $z = 0$, 可得

$$z = 1 + \frac{\mu}{k - \mu}\mathrm{e}^{-kl} - \frac{k}{k - \mu}\mathrm{e}^{-\mu l} \tag{8-5}$$

由式 (8-3) 和式 (8-5) 可见 , 累计脱粒量 y 和累计分离量 z 均是凹板弧长 l 的函数 , 同时与脱粒系数 k 和分离系数 μ 有关。

由式 (8-1) 和式 (8-2) 式可得

$$\frac{\mathrm{d}z}{\mathrm{d}l} = \mu(1 - \mathrm{e}^{-kl} - z) \tag{8-6}$$

将式 (8-6) 变化得

$$\frac{\mathrm{d}z}{\mathrm{d}l(1 - z)} = \mu\left(1 - \frac{\mathrm{e}^{-kl}}{1 - z}\right) = \mu - \frac{u}{1 - z}\mathrm{e}^{-kl} \tag{8-7}$$

由于脱粒过程完成的速度远大于分离过程完成的速度 , 当 l 较大时 , e^{-kl} 趋近于零 , 则 z 远小于 1。因此 , 式 (8-7) 可简化为

$$\frac{\mathrm{d}z}{\mathrm{d}l(1 - z)} = \mu\left(1 - \frac{\mathrm{e}^{-kl}}{1 - z}\right) = \mu \tag{8-8}$$

将式 (8-8) 积分求解可得

$$\mu = -\frac{\ln(1 - z)}{l} \tag{8-9}$$

同理 , e^{-kl} 趋近于 0 时 , 由式 (8-5) 可简化为

$$z = 1 - \frac{k}{k-\mu}e^{-\mu l} \tag{8-10}$$

由式(8-10)计算可得

$$k = \frac{1 + uz}{z + e^{-ul}} \tag{8-11}$$

由此可得,在切流初脱装置凹板筛弧长 l 处累计已脱下的籽粒量 y 可表示为 $y = 1 - e^{-l\frac{1+uz}{z+e^{-ul}}}$;在切流滚筒凹板筛弧长 l 处累计已分离出的籽粒量 z 可表示为 $z = 1 - \frac{k}{k-\mu}e^{-\mu l}$。

8.2 纵轴流复脱分离模型

纵轴流滚筒纵向布置在切流滚筒的后方,物料由纵轴流滚筒端部纵向喂入,脱粒时沿着滚筒做螺旋运动。进入纵轴流复脱分离装置内的作物已经过切流初脱装置的初步脱粒分离,包括未脱粒籽粒和自由籽粒两部分,则喂入纵轴流复脱分离装置内的籽粒喂入量 q_j 为

$$q_j = s_i + s_j \tag{8-12}$$

式中: s_i 为经切流装置初脱后未被分离的自由籽粒量; s_j 为经切流装置初脱后未被脱粒的籽粒量。

以纵轴流滚筒喂入端圆形为原点 O、滚筒轴线方向为 x 的正向,建立直角坐标系。设在纵轴流滚筒轴向凹板内表面上的任意一点 x 处任意小区域 Δx 内,纵轴流复脱分离装置的脱粒系数为 λ,分离系数为 β,纵轴流滚筒长度为 L,则脱粒发生的概率密度函数 $f(x)$ 的方程为[140]

$$\frac{f(x)}{1 - F(x)} = \lambda \tag{8-13}$$

式中: x 为纵轴流滚筒栅格凹板筛分离起点沿轴线指向尾部的距离; $F(x)$ 为从纵轴流栅格凹板筛分离起点沿凹板筛轴向累计脱下的籽粒量,即

$$F(x) = \int_0^x f(\zeta)\,d\zeta \tag{8-14}$$

对式(8-14)两边求导,代入式(8-13)得

$$\frac{dF(x)}{1 - F(x)} = \lambda\,dx \tag{8-15}$$

对式(8-15)两边积分可得

$$F(x) = 1 - e^{-\lambda x} \tag{8-16}$$

将式(8-14)代入式(8-16)求导,纵轴流复脱分离装置凹板筛轴向 x 处籽粒脱粒发生的概率密度函数为

$$f(x) = s_j \lambda e^{-\lambda x} \tag{8-17}$$

同理,可求得纵轴流复脱分离装置凹板筛轴向 x 处籽粒分离发生的概率密度函数为

$$g(x) = \beta e^{-\beta x} \tag{8-18}$$

则在 $[0, L]$ 范围内未被脱下的籽粒量为

$$s_n(x) = s_j \left(1 - \int_0^x \lambda e^{-\lambda \zeta} d\zeta \right) = s_j e^{-\lambda x} \tag{8-19}$$

当 $x = L$ 时,未脱下的籽粒随茎秆排出纵轴流复脱分离装置成为未脱净损失量,即未脱净籽粒率为

$$s_n(L) = s_j e^{-\lambda L} \tag{8-20}$$

对于在纵轴流复脱分离装置中被脱粒分离谷物籽粒分离的概率是籽粒发生脱粒的概率密度与自由籽粒穿过凹板栅格概率的卷积[140],因此籽粒被分离的概率密度函数为

$$h'(x) = f(\xi) \cdot g(x - \xi) = \int_0^x f(x) g(x - \xi) d\xi \tag{8-21}$$

积分可得纵轴流复脱分离装置分离籽粒函数密度为

$$h'(x) = \frac{\lambda \beta}{\lambda - \beta} (e^{-\beta x} - e^{-\lambda x}) \tag{8-22}$$

则纵轴流复脱分离装置内脱粒籽粒和自由籽粒的分离密度为

$$h(x) = s_j h'(x) + s_i g(x) = s_j \frac{\lambda \beta}{\lambda - \beta} (e^{-\beta x} - e^{-\lambda x}) + s_i \beta e^{-\beta x} \tag{8-23}$$

则纵轴流滚筒下累积分离籽粒量 $H(x)$ 为

$$H(x) = s_j \int_0^x \frac{\lambda \beta}{\lambda - \beta} (e^{-\beta \zeta} - e^{-\lambda \zeta}) d\zeta + s_i \int_0^x \beta e^{-\beta \zeta} d\zeta \tag{8-24}$$

将式(8-24)积分,可得纵轴流滚筒下累计分离籽粒量为

$$H(x) = s_j \frac{\beta e^{-\lambda x} - \lambda e^{-\beta x}}{\lambda - \beta} + s_j + s_i (1 - e^{-\beta x}) \tag{8-25}$$

由于脱粒分离装置中累积分离籽粒 $H(x)$ 与未脱尽籽粒 $s_n(x)$ 和自由籽粒 $S_f(x)$ 之和等于总籽粒 q_j，则脱粒分离的平衡方程为

$$H(x) + s_n(x) + s_f(x) = q_j \qquad (8-26)$$

则由式(8-26)可求得由纵轴流滚筒复脱分离后未被分离的自由籽粒量为

$$s_f(x) = q_j - H_j(x) - s_n(x)$$

当 $x = L$ 时，未被分离的自由籽粒即成为夹带损失率。将式(8-20)和式(8-25)代入式(8-26)可得纵轴流复脱分离装置的夹带损失率为

$$s_f(L) = s_i e^{-\beta L} - s_j \left(e^{-\lambda L} + \frac{\beta e^{-\lambda L} - \lambda e^{-\beta L}}{\lambda - \beta} \right) \qquad (8-27)$$

8.3　脱出物的分布试验与分析

为了验证切流初脱分离模型和纵轴流复脱分离模型的正确性，有必要对切纵流脱粒分离装置脱出混合物的分布规律进行研究。通过在切流凹板和纵轴流凹板的下方布置接料盒可以获得脱出物、籽粒和杂余的空间分布规律以及夹带损失率等参数。为方便测量，将切纵流联合收获田间试验机上的振动筛提前卸下，并装上接料盒，接料盒纵向（机器纵向）为 14 列，横向（机器横向）为 7 行，其中前 4 列接料盒位于切流凹板下方，第 6 列至第 14 列位于纵轴流凹板下方，第 5 列位于切流凹板与纵轴流凹板的交界处，如图 8-1 所示。

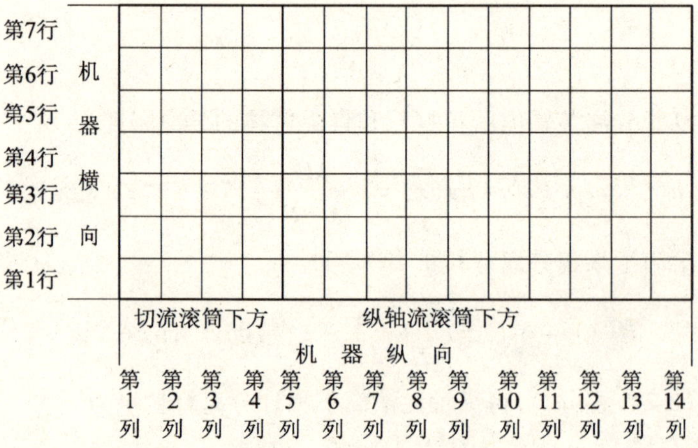

图 8-1　接料盒分布

脱出混合物的分布是指物料经切流初脱和纵轴流复脱滚筒脱粒后从凹板筛分离出来落入接料盒中的脱出混合物质量分布规律,需要对每个料盒中的物料进行称重(即脱出物质量)。利用风机清选每个料盒中的脱出物可获得每个料盒中籽粒的质量。以喂入量为 7. 29 kg/s、切流滚筒转速为893 r/min、纵轴流滚筒转速为 849 r/min、切流滚筒间隙为 33 mm、纵轴流滚筒间隙为 14 mm 作业参数为例,获得的脱出物以及清选后籽粒质量如表 8-1 所示。

表 8-1　脱出混合物的质量数据　　　　　　　　　　　　　　　　g

		1	2	3	4	5	6	7	8	9	10	11	12	13	14
1	脱出物质量	394	470	352	394	288	1798	2164	1666	1110	686	342	240	176	118
	籽粒质量	384	452	344	380	266	1716	2072	1550	1008	586	270	172	126	68
2	脱出物质量	446	442	330	290	248	1392	1304	1070	898	538	334	258	212	180
	籽粒质量	430	428	326	280	212	1296	1216	972	812	452	254	176	130	100
3	脱出物质量	484	456	158	22	114	832	786	516	392	226	154	122	104	82
	籽粒质量	460	434	150	14	90	778	726	448	326	172	104	78	54	28
4	脱出物质量	700	552	186	8	122	772	592	380	290	166	118	96	78	64
	籽粒质量	678	538	184	4	100	714	528	326	226	114	76	46	32	18
5	脱出物质量	668	392	144	8	186	822	546	338	244	154	90	72	54	40
	籽粒质量	646	380	140	4	168	786	524	316	222	114	72	46	28	14
6	脱出物质量	230	158	290	40	308	948	618	392	258	180	126	100	86	64
	籽粒质量	218	148	276	28	280	902	570	342	222	130	82	62	40	22
7	脱出物质量	100	140	118	230	1002	1766	1378	936	736	370	194	280	190	204
	籽粒质量	96	132	90	190	916	1652	1260	812	596	254	180	44	64	36

图 8-2 为未摆放接料盒时实际脱出物分布图,可直观地看到脱出物的分布情况。

图 8-2　脱出物的实际分布

将表 8-1 中的数据在 Matlab 中进行拟合,获得凹板下方脱出物和籽粒质量的空间分布如图 8-3 和图 8-4 所示。

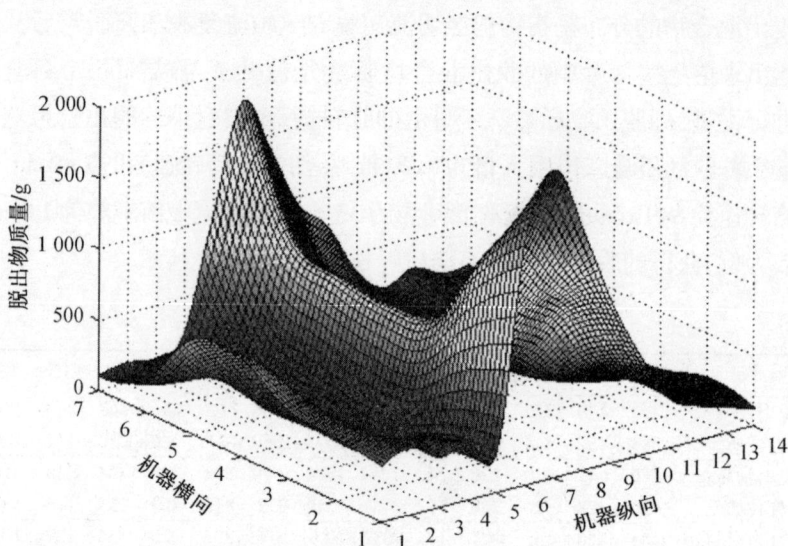

图8-3　脱出混合物质量分布曲面

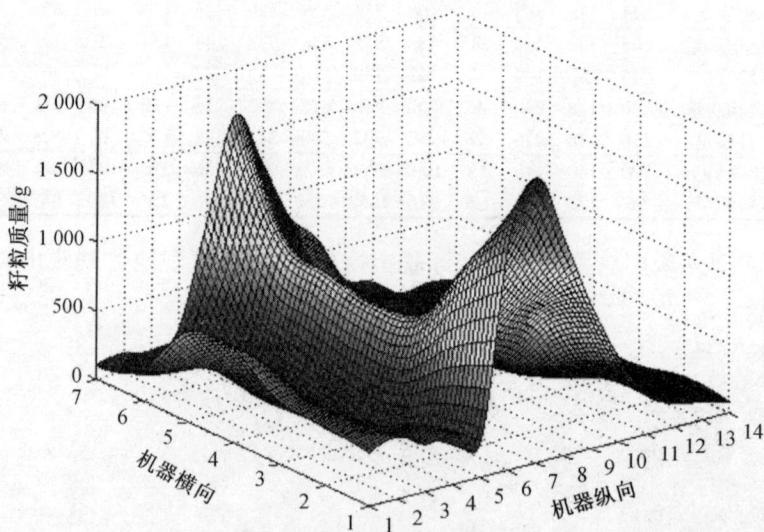

图8-4　籽粒质量分布曲面

从图 8-3 和图 8-4 可以看出,凹板下方脱出物和籽粒的空间分布规律非常相似,总体呈马鞍形分布,两边高中间低,质量分布不均匀。其中切流凹板下方(机器纵向的料盒 1 至料盒 4)脱出物和籽粒沿着联合收获机横向呈"中间多两边少"分布,沿机器横向分布比纵轴流凹板下方(机器纵向的料盒

6 至料盒 14)更均匀,籽粒最多的位置为输送槽与切流凹板的衔接处。物料最小质量位置发生在第 5 列料盒处,主要因为切流凹板与纵轴流凹板的交界处为光板,物料无法分离。第 5 列料盒的物料为靠近交界处凹板中分离出来的物料在离心力和碰撞作用下落入第 5 列料盒的缘故。统计可得,切流滚筒下方分离出来的籽粒质量占脱出混合物质量的 95.6% ,杂余非常少。

8.3.1 切流滚筒下方物料分布

将式(8-9)和式(8-10)代入式(8-5)计算可得累计分离量 z' ,利用表 8-1 数据计算可得分离系数 $u = 2.2144$ 、脱粒系数 $k = 3.1713$,将其代入式(8-3)和式(8-5)中可得切流装置的累计脱粒方程 $y = 1 - e^{-2.2144l}$ 和累计分离方程 $z = 1 + 2.3141e^{-3.1713l} - 3.3141e^{-2.2144l}$ 。

利用 Matlab 软件绘制切流凹板下方物料累计脱粒曲线和累计分离曲线如图 8-5 所示。图 8-6 为试验测得料盒第 1 列至第 4 列脱出物和籽粒的累计分布。

从图 8-5 可以看出,一方面,切流初脱装置中物料被脱粒量增加迅速,接近 70% ,大部分完熟、易脱的籽粒被脱粒,因此脱出物中籽粒量比例较大;另一方面,由于切流凹板面积较小、分离时间较短,籽粒分离量约 30% ,增加较慢。比较图 8-5 和图 8-6 可以看出,切流凹板下方籽粒累计分离量的仿真曲线与试验曲线基本一致,验证了数学模型的正确性。

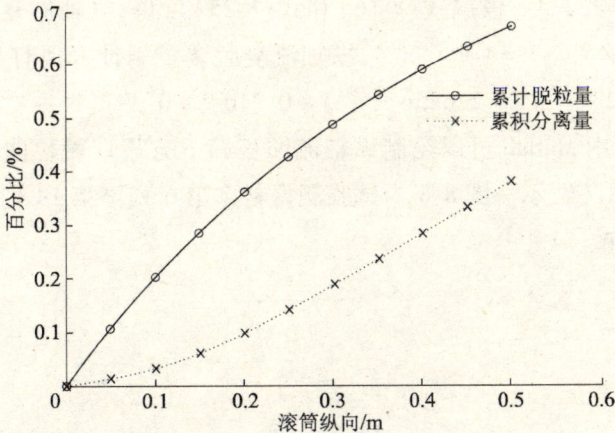

图 8-5 切流凹板下方累计脱粒量和分离量仿真曲线

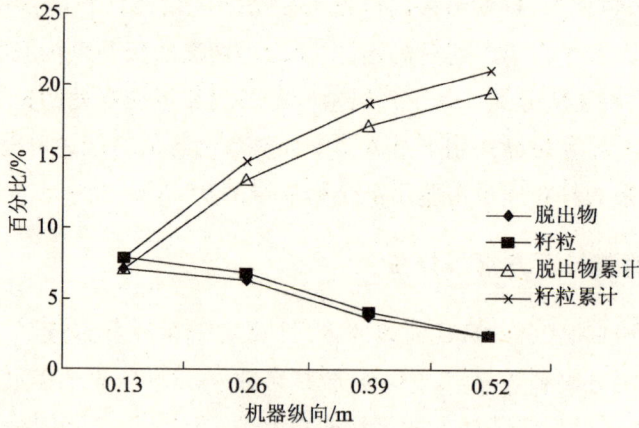

图 8-6   切流凹板下方累计脱出物和籽粒累计分离量试验曲线

8.3.2   纵轴流滚筒下方物料分布

统计可得,切流初脱装置的初脱率为 68.38%,切流滚筒的最大分离率为 39.70%,经切流滚筒初脱分离后喂入纵轴流复脱分离装置内的水稻茎秆中未脱粒籽粒量 $s_j = 31.62\%$,脱粒后未被分离的籽粒量 $s_i = 60.30\%$。将试验测得的未脱净损失率 0.08% 和夹带损失率 0.48% 代入夹带损失率式(8-20)、未脱净损失率式(8-27),联立为方程组,计算可得脱粒系数 $\lambda = 2.625$,分离系数 $\beta = 2.223$。根据式(8-16)和式(8-25)可得,纵轴流复脱装置累计脱下的籽粒量 $F(x) = 1 - e^{-2.625x}$,纵轴流复脱装置累计分离籽粒量 $H(x) = 0.7776(2.223e^{-2.625x} - 2.625e^{-2.223x}) + 0.3162 + 0.397(1 - e^{-2.223x})$。

同样,利用 Matlab 可以绘制纵轴流凹板筛下方累计脱粒曲线和累计分离曲线如图 8-7 所示。图 8-8 为试验测得料盒第 6 列至第 14 列脱出物和籽粒的累计分布。

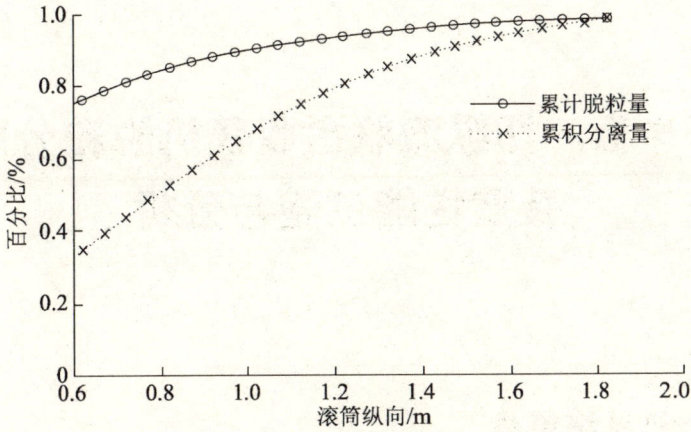

图 8-7　纵轴流凹板下方累计脱粒量和分离量仿真曲线

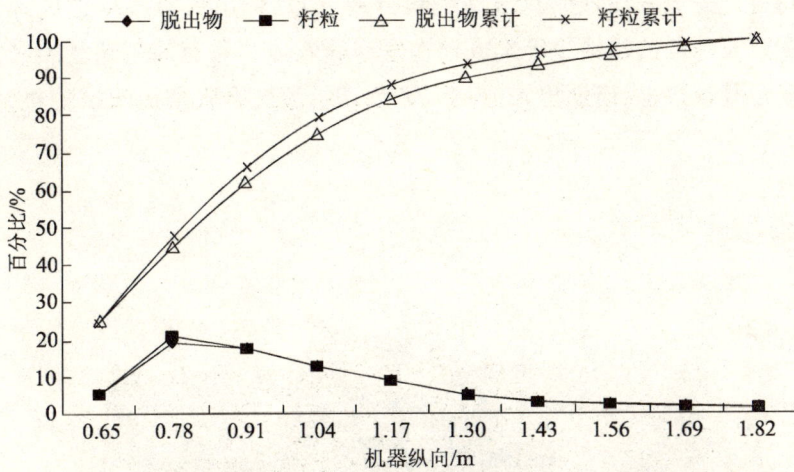

图 8-8　纵轴流凹板下方累计脱出物和籽粒累计分离量试验曲线

从图 8-7 可以看出,纵轴流复脱装置中物料被脱粒量增加缓慢,主要是难脱的籽粒被脱粒,同时纵轴流凹板面积较大、分离时间长,籽粒分离量增加较快。比较图 8-7 和图 8-8 可以看出,纵轴流凹板下方籽粒累计分离量的仿真曲线与试验曲线基本一致,验证了数学模型的正确性。

第9章 切纵流联合收获机脱粒分离装置性能试验与分析

9.1 整机系统集成

将设计完成的切纵流双滚筒脱粒分离装置、单出风口多风道风筛式清选装置以及功耗测试系统等集成到常发锋陵农业装备有限公司的履带式全喂入联合收获机上,研制出 4LL－2.2Z 型切纵流联合收获田间试验机,如图 9-1 所示。

图 9-1 4LL－2.2Z 型切纵流联合收获田间试验机

研制的 4LL－2.2Z 型切纵流联合收获田间试验机主要技术参数如表 9-1 所示。

表 9-1　4LL – 2.2Z 型切纵流联合收获田间试验机主要技术参数

项　目	单位	参数
配套动力	kW	62
割幅	mm	2 000
脱粒分离装置型式	/	切纵流双滚筒脱粒分离装置
切流滚筒型式	/	钉齿滚筒
切流滚筒直径×长度	mm×mm	550×940
纵流滚筒型式	/	钉齿滚筒
纵流滚筒直径×长度	mm×mm	650×1 200
清选筛	/	单出风口多风道风机加双层振动筛
离心风机叶轮直径	mm	390
叶片宽度	mm	900
行走底盘	/	橡胶履带式 + HST
输送槽和割台功耗测试系统	/	有
切流脱粒装置功耗测试系统	/	有
纵轴流脱粒装置功耗测试系统	/	有
中间轴功耗测试系统	/	有

9.2　试验材料与方案

（1）试验材料

田间试验于 2013 年 11 月 15 日至 25 日在江苏省镇江市埤城镇江苏沃得农业机械有限公司试验基地中进行,试验水稻基本特性如表 9-2 所示。

表 9-2　试验水稻基本特性参数

项目	单位	参数
品种	/	镇稻 10 号
种植方式	/	机插秧
株高	cm	86 ~ 96
穗长	cm	15 ~ 22
籽粒含水率	%	23.08 ~ 25.62
茎秆含水率	%	66.7 ~ 68.00

续表

项目	单位	参数
草谷比	/	1.9~2.2
稻谷千粒重（烘干）	g	26.01
亩产量	kg	701

（2）试验方案

切纵流脱粒分离装置设计时，通过调节切流滚筒和纵轴流滚筒的输入链轮可以改变切流滚筒转速和纵轴流滚筒转速，通过改变钉齿脱粒元件和滚筒幅盘的相对位置可以得到不同的切流滚筒凹板间隙和纵轴流滚筒凹板间隙。切纵流脱粒分离试验以切流滚筒间隙、纵轴流滚筒间隙、切流/纵轴流滚筒转速为影响因素，按照三因素三水平正交实验法进行排列，其试验方案如表9-3所示。

表9-3 试验因素及其水平值

水平	（空载切流/轴流转速）/ （r/min）	切流间隙/ mm	纵轴流间隙/ mm
1	893/849	33	26
2	723/687	21	20
3	808/768	27	14

为了减少田间试验带来的误差影响，试验选择土地平整、水稻长势比较均匀的田块。每一组试验前，量取宽为 2.2 m，长为 25 m 的水稻田块并用标杆做好标记，为了减少偶然因素对试验结果的影响，每组试验重复 3 次。试验开始时，启动切纵流联合收获田间试验机，以中挡速度进行作业（前进速度为 1.1 m/s），切割器将水稻割下，由喂入搅龙喂入倾斜输送槽，最后输送链耙将水稻物料喂入切流滚筒进行初脱分离，最后再喂入纵轴流滚筒进行复脱分离。

9.3 试验结果与分析

试验测得的水稻未脱净率非常低，将其忽略不计，脱粒总功耗、切流滚筒功耗、纵轴流滚筒功耗和夹带损失率如表9-4所示。

表 9-4 脱粒分离性能试验结果

试验号	（切流/纵轴流滚筒转速(A)）/(r/min)	切流间隙(B)/mm	纵轴流间隙(B)/mm	脱粒总功耗/kW	输送槽功耗/kW	切流滚筒功耗/kW	纵轴流滚筒功耗/kW	夹带损失率/%
1	1(893/849)	1(33)	1(26)	36.73	3.14	11.35	25.38	0.71
2	1	2(21)	2(20)	37.87	2.9	11.67	26.2	0.60
3	1	3(27)	3(14)	39.35	3.03	11.95	27.4	0.48
4	2(723/687)	27	20	41.12	3.85	5.91	35.21	0.79
5	2	33	14	42.89	3.9	4.43	38.46	0.74
6	2	21	26	39.34	3.6	6.52	32.82	0.81
7	3(808/768)	21	14	45.94	3.13	8.92	37.02	0.67
8	3	27	26	43.43	3.415	10.45	32.98	0.77
9	3	33	20	44.18	4.08	9.31	34.87	0.71

采用极差分析方法得到各影响因素对夹带损失率和脱粒总功耗的影响分别如表 9-5 和表 9-6 所示。

表 9-5 试验参数对夹带损失率的影响结果分析

试验号	（切流/纵轴流滚筒转速(A)）/(r/min)	切流间隙(B)/mm	纵轴流间隙(C)/mm	夹带损失率/%
1	1(893/849)	1(33)	1(26)	0.71
2	1	2(21)	2(20)	0.60
3	1	3(27)	3(14)	0.48
4	2(723/687)	27	20	0.79
5	2	33	14	0.74
6	2	21	26	0.81
7	3(808/768)	21	14	0.67
8	3	27	26	0.77
9	3	33	20	0.71
K_{1j}	1.79%	2.16%	2.29%	
K_{2j}	2.34%	2.08%	2.10%	
K_{3j}	2.15%	2.04%	1.89%	
$K_{1j}/3$	0.60%	0.72%	0.76%	
$K_{2j}/3$	0.78%	0.69%	0.70%	平均值 = 0.70%
$K_{3j}/3$	0.72%	0.68%	0.63%	
R_j	0.18%	0.04%	0.13%	
因素主次		A C B		
优方案		A1 C3 B3		

注：K_{1j}, K_{2j}, K_{3j} 是 j 列上水平号分别为 1,2,3 的试验因素的夹带损失率的和值；R_j 表示 j 列的极差，$R_j = \max(K_{1j}/3, K_{2j}/3, K_{3j}/3) - \min(K_{1j}/3, K_{2j}/3, K_{3j}/3)$。

表9-6　试验参数对脱粒总功耗的影响结果分析

试验号	(空载切/纵转速(A))/ (r/min)	切流间隙(B)/ mm	纵轴流间隙(C)/ mm	脱粒总功耗/ kW
1	1(893/849)	1(33)	1(26)	36.73
2	1	2(21)	2(20)	37.87
3	1	3(27)	3(14)	39.35
4	2(723/687)	27	20	41.12
5	2	33	14	42.89
6	2	21	26	39.34
7	3(808/768)	21	14	45.94
8	3	27	26	43.43
9	3	33	20	44.18
K_{1j}	113.95	123.8	119.5	
K_{2j}	123.35	123.15	123.17	
K_{3j}	133.55	123.9	128.18	
$K_{1j}/3$	37.98	41.27	39.83	
$K_{2j}/3$	41.12	41.05	41.06	平均值 = 41.20
$K_{3j}/3$	44.52	41.3	42.73	
R_j	6.54	0.25	2.9	
因素主次		A C B		
优方案		A1 C1 B2		

注：K_{1j}，K_{2j}，K_{3j} 是 j 列上水平号分别为 1，2，3 的试验因素的脱粒总功耗的和值；R_j 表示 j 列的极差，$R_j = \max(K_{1j}/3, K_{2j}/3, K_{3j}/3) - \min(K_{1j}/3, K_{2j}/3, K_{3j}/3)$。

从表9-5可以看出,切流/纵轴流滚筒转速(A)、切流间隙(B)和纵轴流间隙(C)对夹带损失率的影响主次因素顺序为 A,C,B,其中夹带损失率最小的组合为 A1C3B3,即当切流滚筒转速为 893 r/min、纵轴流滚筒转速为 849 r/min、切流滚筒凹板间隙为 27 mm、纵轴流滚筒凹板间隙为 14 mm 时,夹带损失率达到最小值,即为 0.48%。

从表9-6可以看出,切流/纵轴流滚筒转速(A)、切流间隙(B)和纵轴流间隙(C)对脱粒总功耗影响的主次因素顺序为 A,C,B,其中脱粒总功耗最小的组合为 A1C1B2,即当切流滚筒转速为 893 r/min、纵轴流滚筒转速为 849 r/min、切流滚筒凹板间隙为 21 mm、纵轴流滚筒凹板间隙为 26 mm 时,脱粒分离总功耗达到最小值。

对脱粒总功耗和夹带损失率试验数据进行二次多项式回归分析得到

$$P = -382.75 + 1.075\ 685x_1 + 0.813\ 41x_2 - 0.870\ 91x_3 -$$
$$0.000\ 655\ 479x_1^2 - 0.001\ 782\ 407\ 408x_2^2 + 0.014\ 467\ 6x_3^2 -$$
$$0.001\ 166\ 67x_1x_2 - 0.000\ 303\ 9x_1x_3 + 0.012\ 824x_2x_3 \tag{9-1}$$

$$L = 10^{-4}(139.2 + 0.185x_1 - 2.988x_2 - 6.37x_3 -$$
$$0.000\ 357\ 555x_1^2 + 0.002\ 314\ 8x_2^2 - 0.03x_3^2 +$$
$$0.002\ 941x_1x_2 + 0.010\ 131x_1x_3 + 0.013\ 89x_2x_3) \tag{9-2}$$

式中:x_1 为切流滚筒转速,r/min;x_2 为切流滚筒间隙,mm;x_3 为纵轴流滚筒间隙, mm;P 为总功耗, kW;L 为夹带损失率,% 。

对目标函数按照复合型法进行求解,得到最小值为 0.766。此时脱粒总功耗为 38.75 kW,夹带损失率为 0.479%,切流滚筒转速为 892.95 r/min,切流滚筒凹板间隙为 30.99 mm,纵轴流滚筒凹板间隙为 14 mm。对优化结果在切纵流联合收获试验机上进行试验,即取切流滚筒转速为 893 r/min,切流滚筒凹板间隙为 33 mm,纵轴流滚筒凹板间隙为 14 mm,得到脱粒总功耗为 39.03 kW,切流滚筒功耗为 11.72 kW,纵轴流滚筒功耗为 27.31 kW,夹带损失率为 0.50% 。

参考文献

［1］ 杨国峰. 稻谷裂纹产生机理的探讨［J］. 食品科学, 2004, 25 (10):
    384 – 387.

［2］ 屈振国. 水稻裂纹米的成因与防止对策研究［J］. 中国稻米, 1997
    (6):30 – 32.

［3］ 华云龙, 张伟, 董务民. 力学可以为农业现代化作贡献［J］. 力学进展,
    1998, 28 (1): 289 – 298.

［4］ 川村·登. 籾の脱粒性と米粒の引張. 压縮强さにつらて［J］. 農業機
    械学会誌, 1968, 30 (2): 88 – 92.

［5］ 清水·浩. 曲げ荷重を用いる米粒の力学的性質の探究［J］. 農業機
    械学会誌, 1974, 36 (1): 108 – 115.

［6］ 山口信吉. 米粒胚乳の応力緩和係數［J］, 農業機械学会誌, 1981, 43
    (2): 239 – 245.

［7］ Murase H, Merva G E. Static elastic modulus of tomato epidermis as af-
    fected by water potential ［J］. Transactions of the ASAE, 1977, 20 (3):
    594 – 597.

［8］ Chen Pictiaw, Studer Henry. Physical properties related to maturity and
    puffiness of fresh market tomatoes ［J］. Transactions of the ASAE, 1977,
    20 (3): 575 – 578.

［9］ Balastreire L A, Herum Floyd L. Relaxation modulus for corn endosperm
    in bending ［J］. Transactions of the ASAE, 1978, 21 (4): 767 – 772.

［10］ Pitt R E. Models for the rheology and statistical strength of uniformly
    stressed vegetative tissue ［J］. Transactions of the ASAE, 1982, 25 (2):
    1776 – 1784.

［11］ Pitt R E, Davis D C. Finite element analysis of fluid——filled cell re-
sponse to external loading ［J］. Transactions of the ASAE, 1984,27(5):
1976 - 1983.

［12］ Cardenas-Weben M, Stroshine R L. Melon material properties and finite
element analysis of melon compression with application to robot gripping
［J］. Transactions of the ASAE,1991,34(3):920 - 929.

［13］ O'Dougherty M J, Hubert J A. A study of the physical and mechanical
properties of wheat straw［J］. Journal of Agricultural Engineering Re-
search,1995,62(2):133 - 142.

［14］ Rumsy T R, Fridley R B. Analysis of viscoelastic contact stress in agri-
cultural products using a finite element method ［J］. Transactions of the
ASAE, 1997, 20(1):162 - 165.

［15］ Kamst G F, Bonazzi C, Vasseur J, et al. Effect of deformation rate and
moisture content on the mechanical properties of rice grains［J］. Transac-
tions of the ASAE,2002,45 (1):145 - 154.

［16］ Molenda M, Montross M D, Horabik J, et al. Mechanical properties of
corn and soybean meal［J］. Transactions of the ASAE,2002,45 (6):
1929 - 1935.

［17］ 肖林桦.水稻籽粒和粒柄抗拉强度的研究[J].农业机械学报,1984,
15(2):11 - 17.

［18］ 马小愚,雷得天.大豆籽粒力学性质的试验研究[J].农业机械学报,
1988,19(3):69 - 75.

［19］ 马小愚,雷得天.东北地区大豆与小麦籽粒力学 - 流变性质研究[J].
农业工程学报,1999,15(3):70 - 75.

［20］ 雷得天,马小愚.马铃薯组织破坏时的力学性能及其流变模型[J].农
业机械学报,1991,22(2):63 - 68.

［21］ 张洪霞,马小愚,雷得天.大米籽粒压缩特性的试验研究[J].黑龙江
八一农垦大学学报,2003,16(1):42 - 45.

［22］ 冯能莲,单明彻.苹果静重损伤的试验研究[J].农业机械学报,1996,
27(3):71 - 75.

［23］ 王剑平,盖玲,王俊.农业物料力学试验测控系统设计［J］.农业机械学报,2002,33(1):51－53.

［24］ 王剑平,田红萍,王俊.农业物料力学试验系统研究［J］.浙江大学学报:农业与生命科学版,2002,28(2):221－223.

［25］ 王剑平,盖玲,王俊.农业物料碰撞特性试验数据采集系统［J］.农业工程学报,2002,18(3):150－153.

［26］ 姜瑞涉,王俊.农业物料物理特性及其应用［J］.粮油加工与食品机械,2002(1):35－37.

［27］ 欧阳又新.Mesoimechanical characterization of in situ rice grain hulls ［J］.金华职业技术学院学报,2002(3):1－5.

［28］ Ouyang Y S. Mesomechanical characterization of in situ rice grain hulls ［J］. Transactions of the American Society of Agricultural Engineers, 2001,44(2):357－367.

［29］ 王荣,焦群英.葡萄与番茄宏观力学特性参数的确定［J］.农业工程学报,2004,20(2):54－58.

［30］ 谢方平,罗锡文.水稻分离力的研究［J］.湖南农业大学学报.2004, 30(5):470－472.

［31］ 李耀明,徐立章,孙夕龙.稻谷带柄的影响因素分析［J］.农业工程学报,2007,23(12):131－134.

［32］ 中馬豐,中村敏,安部武美,等.生鮮産物の輸送損傷に關する研究－輸送振動による梨の損傷と箱内の運動［J］.農業機械学会誌, 1967,29(2):82－87.

［33］ Cooding H J. Resistance to mechanical injury and assessment of shelf life in fruits of strawberry ［J］. Hort Res. 1976, 16:71－82.

［34］ 岩元睦夫,河野澄夫,早川昭.青果物輸送の等価再現化に關する研究(第一報)——多段集載時の段ポール箱及ぴ内容レタスの振動特性ならぴに損傷性［J］.農業機械学会誌,1977,39(3):343－349.

［35］ 岩元睦夫,河野澄夫,早川昭.青果物輸送の等価再現化に關する研究(第二報)——損傷度の定義と輸送シミルレーシユン時の加速度レバルの設計［J］.農業機械学会誌,1978,40(1):61－67.

[36] Mohsenin N N, Jindal V K, Manor A N. Mechanics of a falling fruit on a cushioned surface [J]. Transactions of the ASAE, 1978, 21 (3): 594 – 600.

[37] Chattopadhyay P K, Hamann D D, Hammerle J R. Dynamic stiffness of rice grain[J]. Transactions of the ASAE,1978,21 (4):786 – 790.

[38] Holt J E, Schoor D, Lucas C. Prediction of bruising in impacted multilayered apple packs[J]. Transactions of the ASAE,1981,24 (4):242 – 248.

[39] Schoorl D, Holt J E. Impact Bruising in 3 apple arrangements [J]. Journal of Agricultural Engineering Research, 1982,27(6):507 – 512.

[40] Tennes B R, Zapp H R, Marshall D E,et al. Apple handling impact data acquisition and analysis with an instrumented sphere[J]. Journal of Agricultural Engineering Research, 1990,35(3):269 – 276.

[41] Sober S S, Zapp H R, Brown G K. Simulated packing line impacts for apple bruise prediction [J]. Transactions of the ASAE, 1990, 33 (2): 629 – 635.

[42] Zhang X, Brusewitz G H. Impact force model related to peach firmness [J]. Transactions of the ASAE,1991,34 (5):2094 – 2300.

[43] Rosenfild D, Shmulevich I, Rosenhouse G. Threee-dimensional simulation of the acoustic response of fruit for firmness sorting [J]. Transactions of the ASAE,1992,35 (4):1267 – 1273.

[44] Chen H,de Baerdemaeker J. Finite-element-based modal analysis of fruit firmness [J]. Transactions of the ASAE,1993,36 (6):1827 – 1829.

[45] McGlone V A, Jordan R B, Schaare P N. Mass and drop-height influence on kiwifruit firmness by impact force [J]. Transactions of the ASAE,1997,40 (5):1421 – 1427.

[46] McGlone V A, Jordan R B, Schaare P N. Obtaining mass from fruit impact response [J]. Transactions of the ASAE,1997,40 (5):1417 – 1420.

[47] Yen M, Wan Y. Determination of textural indices of guava fruit using discriminate analysis by impact force [J]. Transactions of the ASAE, 2003,46 (4):1161 – 1166.

[48] 单明彻,徐朗.苹果的机械特性和机械损伤[J].农业机械学报,1988,19(2):72-78.

[49] 王俊,许乃章,胥芳.桃子冲击力学特性与桃子硬度的数学模型[J].农业机械学报,1994,25(4):58-62.

[50] 王剑平,王俊,陈善锋,等.黄花梨的撞击力学特性研究[J].农业工程学报,2002,18(6):32-36.

[51] 王俊,滕斌.桃下落冲击动力学特性及其与坚实度的相关性[J].农业工程学报,2004,20(1):193-197.

[52] 孙骊,仇农学.苹果储运时的机械损伤规律及评价[J].农业工程学报,1996,12(4):208-212.

[53] 李小昱,王为.苹果碰撞响应数学模型研究[J].农业工程学报,1996,12(4):204-207.

[54] 王书茂,焦群英,籍俊杰.西瓜成熟度无损检验的冲击振动方法[J].农业工程学报,1999,15(3):241-245.

[55] 康维民,肖念新,蔡金星,等.稳定振动条件下梨的振动损伤研究[J].农业机械学报,2004,35(3):105-108.

[56] Sharma A D,Kunze O R, Sarker N N. Impact damage on rough rice[J]. Transactions of the ASAE, 1992, 35(6): 1929-1934.

[57] 田小海,杨前玉,刘威.不同脱粒与干燥方式对稻米品质的影响[J].中国农学通报,2003,19(2):46-50.

[58] Song-Woo Lee, Yun-Kun Huh. Threshing and cutting forces for Korean rice [J]. Transactions of the ASAE, 1983, 26 (6):1678-1681.

[59] 谢方平,罗锡文,苏爱华,等.刚性弓齿与杆齿及柔性齿的脱粒对比试验[J].湖南农业大学学报:自然科学版,2005,31(6):648-651.

[60] 范国昌,王惠新,籍俊杰,等.影响玉米摘穗过程中籽粒破碎和籽粒损失率的因素分析[J].农业工程学报,2002,18(4):72-74.

[61] Duane L, Harry H Converse, Ted hodges,et al. Corn kernel damage due to high velocity impact[J]. Transactions of the ASAE,1972,15(2):330-331.

[62] Dauda A, Aviara A N. Effect of threshing methods on maize grain damage and viability[J]. AMA, 2001,32(4):43-46.

［63］ 李心平,高连兴,马福丽.玉米种子籽粒力学特性的有限元分析［J］.
农业机械学报,2007,38(10):64 – 67.

［64］ 周旭,李心平,高连兴.两种脱粒滚筒的玉米籽粒损伤试验研究［J］.
沈阳农业大学学报,2005,36(6):756 – 758.

［65］ 黄文课.玉米脱粒机脱粒损伤特性之研究［D］.台湾:台湾大
学,1989.

［66］ 田锡箴,于美玲.不同脱粒方式对小麦种子质量的影响［J］.内蒙古农
业科技,1994(3):7 – 8.

［67］ 李其才,陈常礼,张晓辉.收获时间、收割方法和脱粒转速对啤酒大麦
发芽率的影响［J］.农机化研究,1997,(4):74 – 75.

［68］ Harrison H P. Grain separation and damage of an axial-flow combine
［J］. Canadian Agricultural Engineering, 1992, 34(1):49 – 53.

［69］ Jindal V K, Herum F L, Hamdy M Y. Selected breakage characteristics
of corn ［J］. Transactions of the ASAE, 1979,22(3):1193 – 1196.

［70］ 董铁有,郭光立,吉崎繁,等.稻米爆腰评价指标的确定［J］.洛阳工学
院学报,1996,17 (2):76 – 80.

［71］ 朱文学,曹崇文.玉米应力裂纹率和破碎敏感性的关系［J］.农业机
械学报,1998,29(3):69 – 72.

［72］ Mofazzal H, Wesley howdhury C, Buohele F. Colorimetric determination
of grain damage ［J］. Transactions of the ASAE, 1976, 19(5):807
– 808.

［73］ Gunasekaran S, Paulsen M R, Shove G C. A laser optical methods for
detecting corn kernel defects ［J］. Transactions of the ASAE, 1986, 29
(1):294 – 298.

［74］ Song H, Litchfield J B. Measuring stress cracking in corn by MRI ［J］.
ASAE Paper, 1991, No. 7002.

［75］ Gunasekaran S, Cooper T M, Berlage A G, et al. Image processing for
stress cracks in corn kernels ［J］. Transactions of the ASAE, 1987, 30
(1):266 – 271.

［76］ Panigrahi S, Misra M K, Bern C, et al. Background segmentation and dimensional measurement of corn germplasm [J]. Transactions of the ASAE,1995,38(1):291 – 297.

[77] Zayas I, Converse H, Steele J. Discrimination of whole from broken corn kernels with image analysis [J]. Transactions of the ASAE,1990,33 (5):1642 – 1645.

[78] Liao K, Paulsen M R, Reid J F, et al. Corn kernel breakage Classification by machine Vision using a neural network classifier [J]. Transactions of the ASAE,1993,36(6):1949 – 1953.

[79] Howarth M S, Stanwood P C. Tetrazolium staining viability seed test using color image processing[J]. Transactions of the ASAE,1993,36(6):1937 – 1940.

[80] Ni B, Paulsen M R, Reid J F. Corn kernel crown shape identification using image processing [J]. Transactions of the ASAE,1997,40(3):833 – 838.

[81] 黄星奕,吴守一,方如明,等.计算机视觉在大米胚芽识别中的应用 [J].农业机械学报,2000,31(1):62 – 65.

[82] 黄星奕,方如明,吴守一.大米加工精度检测方法的研究进展[J].江 苏大学学报,1998,19(3):6 – 9.

[83] 黄星奕,吴守一,方如明.用神经网络方法进行大米留胚率自动检测 的研究[J].农业工程学报,1999, 15(4):187 – 190.

[84] 黄星奕,吴守一,方如明,等. 遗传神经网络在稻米垩白度检测中的应 用研究[J]。农业工程学报,2003,19(3):137 – 139：

[85] 黄星奕,吴守一,方如明.基于小波变换的稻米爆腰检测技术研究 [J].农业工程学报, 2004,20(6):194 – 196.

[86] 凌启鸿,张洪程,丁艳锋,等. 水稻丰产高效技术及理论[M]. 北京: 农业出版社,2005.

[87] 李栋. 稻谷干燥应力裂纹生成扩展及抑制的试验研究和机理分析 [D].北京:中国农业大学,2001.

[88] 朱永义,郭祯祥,田建珍,等.谷物加工工艺及设备[M].北京:科学出 版社,2002.

[89] 肖威. 常温下稻米湿应力场物理参数及裂纹机理的试验研究[D].哈 尔滨:东北农业大学,2007.

[90] 李耀明,王显仁,徐立章,等. 水稻谷粒的挤压力学性能研究[J]. 农业机械学报,2007,38(11):56 - 59.

[91] Chau N N, Kunze O R. Moisture content variation among harvested rice grains [J]. Transactions of the ASAE,1982, 25 (4): 1037 - 1040.

[92] 杨洲, 罗锡文, 李长友. 稻谷收获期粒间水分分布的研究[J]. 农业工程学报,2005,21(3):38 - 41.

[93] 周祖锷. 农业物料学[M]. 北京:农业出版社,1994.

[94] 吴守一. 农业机械学(下册)[M]. 北京:机械工业出版社,1987.

[95] Kamst G F, Bonazzi C, Vasseure J, et al. Effect of deformation rate and moisture content on the mechanical properties of rice grains [J]. Transactions of the ASAE,2002,45(1):145 - 151.

[96] Mohsenin N N. Physical Properties of Plant and Animal Materials [M]. New York: Gordon and Breach Science Publishers,1970.

[97] 师清翔,刘师多,姬江涛,等. 控速喂入柔性脱粒机理研究[J]. 农业工程学报,1996,12(2):173 - 176.

[98] Johnson K L. 接触力学[M]. 徐秉业,罗学富译. 北京:高等教育出版社,1992.

[99] 陈坤杰,徐伟梁. 含水率对稻谷机械特性的影响[J]. 农业机械学报,2005, 36(11):171 - 172,175.

[100] ANSYS/LS-DYNA 算法基础和使用方法[M]. 北京:北京理工大学 ANSYS/LS-DYNA 中国技术支持中心,1999.

[101] 李裕春,时党勇,赵远. ANSYS11. 0/LS-DYNA 基础理论与工程实践[M]. 北京:中国水利水电出版社,2008.

[102] 于开平,周传月,谭惠丰,等. Hypermesh 从入门到精通[M]. 北京:科学出版社,2005.

[103] 张胜兰,郑冬黎,郝琪,等. 基于 HyperWorks 的结构优化设计技术[M]. 北京:机械工业出版社,2007.

[104] 刘斌. 水稻内部传热传质有限单元分析和应力裂纹机理研究[D]. 北京:中国农业大学,2000.

[105] 施晓俊. 基于 LSDYNA 的带式输送机动态特性分析[D]. 西安:西

安科技大学,2007.

[106] 王俊峰,张志谊.基于 LS-DYNA 的冲击试验机碰撞分析[J].噪声与振动控制,2007,12(6):10-12.

[107] 李世芸,邓荣兵.高压断路器凸轮-轴承碰撞过程动态仿真及应用[J].高压电器,2008,44(6):497-500.

[108] 亓文果,金先龙,张晓云.冲击-接触问题有限元仿真的并行计算[J]. 振动与冲击,2006,25(4):68-72.

[109] 许亮.商务车正面碰撞结构耐撞性模拟研究[D].上海:上海交通大学,2007.

[110] 杨光松.损伤力学与复合材料损伤[M].北京:国防工业出版社,1995.

[111] Gunatilake P, Sieqel M W, Jordan A J. Image understanding algorithms for remote vis inspection of aircraft surfaces[J].Proceedings of the SPIE-The International Society for Optical Engineering,1997,13(2):30-29.

[112] Ito A Aoki Y, Hashimoto S. Accurate extraction and measurement of fine cracks from concrete block surface image [C]//Proceedings of the 28th Annual Conference of the IEEE Industrial Electronics Society, 2002:2202-2207.

[113] 汪蕙,金丰华,罗立民.基于灰度和边界方向直方图的医学图像检索[J].信号处理,2004,20(1):73-77.

[114] 黄明蕾.车牌识别系统中图像分割与识别技术研究[J].科技创业月刊,2007,(7):189-190.

[115] Maglogiannis I, Vouyioukas D, Chris Aggelopoulos. Face detection and recognition of natural human emotion using Markov random fields [J]. Personal and Ubiquitous Computing,2009,13(1):95-101.

[116] Gulzar A Khuwaja. Merging face and finger images for human identifica-tion[J]. Pattern Analysis & Applications,2005,8:188-198.

[117] 徐立章,李耀明,王显仁.基于小波变换的多尺度边缘检测用于稻谷内部损伤的检测[J]. 中国粮油学报,2008,23(4):200-204.

[118] Castleman K R. 数字图像处理[M].朱志刚等,译.北京:电子工业出

版社,2002.

[119] 吴桂芳,徐科,徐金梧,等. 形态小波在中厚板表面裂纹缺陷检测中的应用[J]. 北京科技大学学报,2006,28(6):591-594.

[120] 张扬,程建政. 超声图像的小波去噪及多尺度边缘提取[J]. 无损检测,2003,25(6):279-282.

[121] 肖旺新,肖正学,郭学彬,等. 基于小波图像处理的爆破裂纹发展速度[J]. 岩石力学工程学报,2003,22(12):2057-2061.

[122] Ryu DH, Nahm SH. Image processing techniques applied to automatic measurement of the fatigue-crack [J]. Key Engineering Materials, 2005, 34(3):297-300.

[123] 孟兆新,张绍群,张振嘉. 基于边缘监测的微小疲劳裂纹图像数据提取[J]. 东北林业学学报,2006,34(3):111-112.

[124] 徐夏刚,赵歆波,张定华,等. 一种工业 CT 的短裂纹群扩展检测新方法[J]. CT 理与应用研究,2006,15(1):51-55.

[125] Dauda A, Aviara A N. Effect of threshing methods on maize grain damage and viability[J]. AMA, 2001,32(4):43-46.

[126] 连静. 图像边缘特征提取算法研究及应用[D]. 长春:吉林大学,2008.

[127] 连静,王珂. 样条小波自适应阈值多尺度边缘检测算法研究[J]. 系统仿真学报,2006,18(6):1473-1477.

[128] 王玉平,蔡元龙. 多尺度 B 样条小波边缘检测算子[J]. 中国科学:A辑,1995,25(4):426-437.

[129] Mallat S. Multiresolution approximations and wavelet orthonormal bases of L2(R) [J]. Transactions of the American Mathematical Society, 1989,315(1):69-87.

[130] Mallat S. A theory for multiresolution signal decomposition:The wavelet representation[J]. IEEE Transaction on Pattern Analysis and Machine Intelligence, 1989,11(7):674-693.

[131] Mallat S, Zhong S. Characterization of signals from multiscale edges[J]. IEEE Transactions on Pattern Analysis and Machine Intelligence, 1992,

14(7):710 – 732.

[132] Mallat S, Hwang W L. Singularity detection and processing with wavelets [J]. IEEE Transactions on Information Theory,1992,38(2):617 – 643.

[133] 杨福生. 小波变换的工程分析与应用[M]. 北京:科学出版社,2001.

[134] 刘曙光,刘明远,何钺. 基于 Canny 准则的基数 B 样条小波边缘检测 [J]. 信号处理,2001,17(5):418 – 423.

[135] 张雪,肖旺新,吴坚,等. 用二次 B 样条小波进行图像的自适应阈值 边缘检测[J]. 红外技术,2003,25(1):19 – 24.

[136] 杨万扣,任明武,杨静宇. 数字图像中基于链码的目标面积计算方法 [J]. 计算机工程,2008,34(1):30 – 33.

[137] 孙夕龙. 水稻脱粒带柄率的试验研究与分析[D]. 镇江:江苏大 学,2007.

[138] 崔逊学. 多目标进化算法及其应用[M]. 北京:国防工业出版 社,2006.

[139] Miu P I, Kutzbach H D. Mathematical model of material kinematics in an axial threshing unit[J]. Computers and Electronics in Agriculture, 2007,58(2): 93 – 99.

[140] 唐忠. 切纵流稻麦联合收获机脱粒分离装置理论与试验研究[D]. 镇江:江苏大学,2012.

[141] 李洪昌. 水稻联合收割机新型脱粒分离装置的试验研究与分析 [D]. 镇江:江苏大学,2008.

[142] Xu Lizhang, Li Yaoming, Ma Zheng, et al. Theoretical analysis and finite element simulation of a rice kernel obliquely impacted by a threshing tooth[J]. Biosystems Engineering, 2013,114(2):146 – 156.

[143] Xu Lizhang, Li Yaoming. Modeling and experiment to threshing unit of stripper combine[J]. African Journal of Biotechnology, 2011,10(20): 4106 – 4113.

[144] Xu Lizhang,Li Yaoming. Detection of stress cracks in rice kernels based on machine vision[J]. Agricultural Mechanization in Asia Africa and Latin America, 2009,40(4):38 – 41.

[145] 徐立章,李耀明,孙朋朋,等. 履带式全喂入水稻联合收获机振动测试与分析[J].农业工程学报,2014,30(8):49-55.

[146] 徐立章,李耀明,王成红,等.切纵流双滚筒联合收获机脱粒分离装置[J].农业机械学报,2014,45(2):105-108,135.

[147] Xu Lizhang, Li Yaoming, Yin Jianjun,et al. Design and experiment of test-bed for straw compression forming and baling[J]. Applied Mechanics and Materials,2013,433-435:1165-1169.

[148] 徐立章,李耀明,唐忠,等. 4LQZ-6 型切纵流联合收获机[J].农业机械学报,2013,44(8):94-98.

[149] 徐立章, 李耀明. 稻谷与钉齿碰撞损伤的有限元分析[J].农业工程学报,2011,27(10):27-32

[150] 徐立章,马征,李耀明. 激光改形油菜清选筛面基体浸润特性研究[J]. 农业机械学报,2011,42(S1):168-171.

[151] 徐立章,李耀明,李洪昌,等.纵轴流脱粒分离-清选试验台的研制[J].农业机械学报,2009,40(12):76-79,134.

[152] 徐立章,李耀明,马朝兴,等.横轴流双滚筒脱粒分离装置设计与试验[J].农业机械学报,2009,40(11):55-58.

[153] 徐立章,李耀明. 水稻谷粒冲击损伤临界速度分析[J].农业机械学报,2009,40(8):54-57.

[154] 徐立章,李耀明,王显仁.谷物脱粒损伤的研究进展分析[J].农业工程学报,2009,25(1):303-307.

[155] 徐立章,李耀明,李洪昌. 水稻谷粒脱粒损伤的影响因素分析[J].农业机械学报,2008,39(12):55-59.

[156] Xu Lizhang,Li Yaoming. Digital design of the threshing and separating unit for rape [C]// Proceedings of the IEEE International Conference on Information, Automation and Electrification in Agriculture, 2008:299-303.

[157] Xu Lizhang, Li Yaoming. Multi-scale edge detection of rice internal damage based on computer vision [A]. Qing dao:IEEE, 2008,1222-1225.

［158］ 徐立章,李耀明,马朝兴，等. 4LYB1 - 2.0 型油菜联合收获机主要
工作部件的设计［J］. 农业机械学报, 2008,39(8):54 - 57,88.

［159］ 徐立章,李耀明,王显仁. 基于小波变换的多尺度边缘检测用于稻谷
内部损伤的检测［J］. 中国粮油学报,2008,23(4):200 - 204.

［160］ 徐立章,李耀明,丁林峰. 水稻谷粒与脱粒元件碰撞过程的接触力学
分析［J］. 农业工程学报, 2008,24(6):146 - 149.

［161］ 唐忠,李耀明,徐立章,等. 切纵流联合收获机小麦脱粒分离性能评
价与试验［J］. 农业工程学报,2012,28(3):14 - 19.

［162］ 唐忠,李耀明,徐立章,等. 切纵流联合收获机小麦喂入量预测的试
验研究［J］.农业工程学报,2012,28(5):26 - 31.

［163］ 李耀明,唐忠,徐立章,等. 纵轴流脱粒分离装置功耗分析与试验
［J］.农业机械学报,2011,42(6):93 - 97.

［164］ 唐忠,李耀明,徐立章,等. 不同脱粒元件对切流与纵轴流水稻脱粒
分离性能的影响［J］.农业工程学报, 2011,27(3):93 - 97.

［165］ 徐立章. 水稻脱粒损伤力学特性及低损伤脱粒装置研究［D］.镇江:
江苏大学,2009.